Jörg Middendorf, Thomas Webers

Das Coaching-Business

Erfolg als Coach, von der Geschäftsidee bis zum Marketing

managerSeminare Verlags GmbH – Edition Training aktuell

Jörg Middendorf, Thomas Webers
Das Coaching-Business
Erfolg als Coach, von der Geschäftsidee bis zum Marketing

2. Aufl. 2024
Endenicher Str. 41, D-53115 Bonn
Tel.: 0228-977910
info@managerseminare.de
www.managerseminare.de/shop

Printed in Germany

ISBN: 978-3-949611-11-7

Herausgeber der Edition Training aktuell:
Ralf Muskatewitz, Jürgen Graf, Nicole Bußmann

Lektorat: Jürgen Graf
Cover: depositphotos/cienpies
Druck: Druckkontor Emden, Emden

Inhalt und Umschlag des Buchs wurde gedruckt auf Vivus 100. Das Papier erfüllt die Auflagen der Umweltzeichen „Blauer Engel (RAL-UZ 72)" und des „EU-Umweltzeichen (ECO-Label)". Die mit dem Druck verbundenen CO_2-Emissionen werden vom Verlag kompensiert und fließen in unterschiedliche Aufforstungsprojekte zum Klimaschutz. Nähere Informationen finden Sie unter: www.managerseminare.de/verlag/umwelt

Inhalt

Arbeitshilfen als Download: Alle Canvas, Arbeits- und Reflexionshilfen dieses Buchs stehen Ihnen als editierbare PDF-Dokumente zum Download zur Verfügung – erkennbar am Symbol links. Den Link hierzu finden Sie in der hinteren Umschlagklappe.

Vorwort

Wer als Coach professionell arbeiten will, steht vor einem Berg von Fragen. Die Geschäftsidee ist noch vage, einen Business-Plan, der den Namen verdient, gibt es noch nicht wirklich. Der Markt ist ein großer Ozean, von dem man allerdings nur die ersten Kilometer vom Strand aus sieht. Und die Wettbewerber: Wer ist Freund, wer Konkurrent? Die eigene Positionierung ist noch unausgegoren. Soll es um die hauptberufliche Existenz gehen? Oder um eine Teilzeitaktivität? Überhaupt: Wer soll die Kundschaft sein? Und was die Themen, mit denen man überzeugen will?

Zusätzlich stellt sich die Frage, welche weitere Qualifizierung für den Berufseinstieg hilfreich sein könnte. Oder ein Zertifikat? Und dann gibt es da noch diverse Coaching-Verbände, die einen umwerben. Welchen der über 25 Verbände sollte man sich einmal genauer anschauen?

An gut gemeinten Ratschlägen herrscht kein Mangel: „Du mit Deiner Lebenserfahrung bist doch per se eine Autorität“, sagen die Freunde. „Spezialisiere dich und finde deine Nische“, sagen die Marketing-Agenturen. „Du musst Dir zunächst eine Präsenz im Netz aufbauen“, sagen die Social-Media-Experten. „Die Zukunft ist digital“, sagen die neuen Plattformunternehmen. „Online-Coaching ist das neue Normal – go for it.“ Wo denn nun anfangen? Auf wen soll man hören? Was ist wirklich wichtig?

Ob man nun gerade erst das Studium abgeschlossen hat und optimistisch in die Zukunft eines eigenen Business blickt, nach einigen beruflichen Stationen und Nackenschlägen keine Lust mehr auf Business as usual hat oder als 50-Jährige feststellt, dass man an den Rand und aus dem Unternehmen hinausgedrängt wird und sich nun für die letzten zehn bis 20 Berufsjahre noch etwas Erfüllendes vorstellt – die Fragen zur Existenzgründung als Coach sind ähnlich. Doch der Kontext ist immer anders. Und so einfach finden sich die Antworten auf die vielen Fragen meistens nicht.

Das vorliegende Buch bietet, jenseits der gut gemeinten Ratschläge, konkrete Daten und Fakten zum Coaching-Markt, damit Ihre Reflexion zur Gründung des eigenen Business auf festem Fundament steht. Die Daten dazu stammen größtenteils aus der Coaching-Umfrage Deutschland, die seit 20 Jahren vom *BCO – Büro für Coaching und Organisationsberatung* zusammen mit Coaching-Verbänden durchgeführt wurde. Die Ergebnisse zeigen eine beeindruckende Kontinuität, auch wenn sich in den vergangenen Jahren vieles verändert hat. Zuletzt haben an der Coaching-Umfrage Deutschland über 1.500 Coachs teilgenommen. Wir können heute die Quintessenz vorlegen und Ihnen bei der Beantwortung Ihrer Fragen behilflich sein.

Wir haben diese Daten zudem mit zahlreichen erläuternden und weiterführenden Informationen in Beziehung gesetzt. So ist ein Arbeitsbuch entstanden, das Sie schrittweise durch die zentralen Themen und Fragen führt. Es soll Ihnen helfen, auf der Grundlage von konkreten Daten die eigene Positionierung zu erarbeiten, einen Business-Plan zu entwickeln und begründet Entscheidungen zu treffen. Sie werden dabei sicher immer wieder vor- und zurückblättern. Das ist normal und so gewollt. Anregen sollen Sie zusätzlich zwei Gesprächsrunden, die wir mit erfahrenen Coachs geführt haben. Deren Stimmen unterstreichen oft, was Sie zuvor in den Kapiteln gelesen haben. Manchmal stehen sie auch in Widerspruch dazu. Auch das ist normal und – wie wir denken – bereichernd. Denn den einzig wahren Weg ins Coaching-Business, den gibt es nicht. Jede und jeder muss den eigenen Weg finden, damit dieser stimmig und zufriedenstellend wird. Letztlich stehen Sie vor der gleichen Aufgabe wie viele Ihrer Klientinnen und Klienten: Sie haben ein komplexes Thema vor sich und gehen nun durch einen iterativen Prozess von Reflexion, Dialog und Aktion. Im Ergebnis entsteht dabei Ihr eigenes Coaching-Business und eine erfüllende Tätigkeit. Dieser Prozess ist wie ein gutes Coaching selbst anspruchsvoll, aber auch sehr anregend. Und es ist noch kein Meister vom Himmel gefallen. Aber wenn's leicht wäre, dann bräuchte es ja auch keine Coachs …

Viel Spaß und viele Erkenntnisse bei der Lektüre wünschen Ihnen

Jörg Middendorf und Thomas Webers

PS: Wir haben uns um eine möglichst gendergerechte Sprache bemüht, indem wir zwischen weiblicher und männlicher Form wechseln oder beide Formen berücksichtigen. Um Lesefluss und -verständnis zu gewährleisten, nutzen wir an einigen Stellen den Doppelpunkt.

1.

Die Entwicklung von Coaching als Beratungsprofession

In diesem Kapitel lesen Sie

Dieses Kapitel gibt Ihnen einen Überblick darüber, wie sich Coaching als Beratungsprofession entwickelt hat. Die historische Betrachtung geht über in den Vergleich von Coaching mit ähnlichen Kommunikationsarrangements und beleuchtet so das Wettbewerbsumfeld. Sodann werden etliche Bemühungen erläutert, Coaching zu professionalisieren, die in späteren Kapiteln vertieft werden. Kernaussagen sind:

- Das moderne Coaching erscheint als neue Entwicklung, kann aber auf zahlreiche Vorfahren zurückblicken.
- Coaching grenzt sich von anderen Professionen ab, doch sind die Schnittmengen nicht unerheblich.
- Coaching muss sich professionalisieren, um sich am Markt durchzusetzen, auf zahlreiche Initiativen und Maßnahmen kann man schon verweisen.

Ein Kind der 1980er-Jahre 1.1

Wer sich mit dem Wesen, den Inhalten und der Popularität des Coachings beschäftigt, tut gut daran, sich zunächst einmal die ursprüngliche Bedeutung des Anglizismus „Coach" in Erinnerung zu rufen. Übersetzt bedeutet der Begriff „Coach" schlichtweg: Kutsche. Das lässt bereits einige richtungsweisende Schlussfolgerungen zu:

- Der Kutscher fährt den Fahrgast von A nach B (Zielorientierung).
- Eine gewisse Ortskenntnis, aber auch die Fähigkeit zum (unfallfreien) Navigieren der Kutsche sollte der Kutscher in der Regel besitzen (Kompetenz).
- Die Kutsche bietet dem Fahrgast einen geschützten Raum für die Reise (Arbeitsbeziehung).

Am Anfang steht also eine attraktive – aber eben auch mehrdeutige – Metapher. Da mag sich jeder so seinen Teil denken. Und das kann dann in ganz unterschiedliche Richtungen gehen. Es wäre schön, wenn man Coaching ein wenig präzisieren könnte. Nähern wir uns der Sache daher zunächst einmal historisch.

In der westlichen Welt kann man seit den 1980er-Jahren einen Coaching-Boom beobachten. Einige beispielhafte Stimmen aus dieser Zeit:

Enormer Gesprächsbedarf jenseits des Seminars

Im Jahr 1986 erscheint der Beitrag „Partner in dünner Luft" von Wolfgang Looss im Manager-Magazin. Seine Buchveröffentlichung „Coaching für Manager – Problembewältigung unter vier Augen" erscheint 1991. In einem Interview erläutert Looss die Entwicklung in den 1980er-Jahren: Er ist als Management-Trainer unterwegs. Und so kommt es immer häufiger vor, dass nach dem Abendessen Teilnehmer zu ihm kommen, die ihn noch einmal sprechen wollen. Dem deutschen Coaching-Pionier offenbart sich eine enorme Bedürftigkeit, mal mit jemandem über Themen zu sprechen, die auf der offiziellen Agenda nie vorkommen, die die Teilnehmer aber beschäftigen. Das ist oft an der Schamgrenze und die Betroffenen ringen teilweise um Ausdruck. Es geht um Themen wie steigender Stress, Leistungsverschärfung, Uni-Absolventen gegen alte Hasen, allgemeine Kommunikationslosigkeit im Unternehmen. Es gibt keinen Ort, wo man mit diesen Leuten hätte weiterarbeiten können. Offensichtlich begünstigen sich verändernde wirtschaftliche Rahmenbedingungen die Entwicklung eines individuelle(re)n Beratungsformats in jenen Jahren.

Eberhard Hauser wird direkt nach seinem Studium beim nordamerikanischen Computerhersteller Digital Equipment in Augsburg HR-Spezialist. Aus den USA kommt 1986 die Aufforderung, „Coaching" einzuführen. Dort hatte sich Coaching aus dem Sport heraus auf ein neues Feld, das Business, ausgebreitet. Wobei das vorherrschende US-amerikanische Verständnis (Führungskraft als Coach) in Europa nicht ohne Weiteres anschlussfähig ist und seitdem kontrovers diskutiert wird. Hauser versucht, in der deutschen Niederlassung nun ein Format zu implementieren, mit welchem man Managern helfen könnte, über sich selbst zu reflektieren. Der Vergleich zu einer psychotherapeutischen Sitzung liegt nahe, doch Hauser will den Fokus breiter und weniger tiefgehend setzen.

Der ehemalige britische Rennfahrer und inzwischen verstorbene Sir John Whitmore lernt am Esalen Institute in Kalifornien den Tennislehrer Tim Gallwey kennen. Dessen Ansatz des „Inner Game" fasziniert Whitmore. Er kehrt nach England zurück und eröffnet eine Tennis- und eine Ski-Schule. Plötzlich kommen Geschäftsleute, die in seinen Schulen trainieren, auf ihn zu und fragen ihn, ob er nicht auch in deren Unternehmen tätig werden könne.

Coaching – eine Synthese aus ganz verschiedenen Bereichen

Sowohl in den USA als auch in Europa hatte es in den 1970er-Jahren einen Psycho-Boom gegeben. Die Beschäftigung mit Psychologie und mit psychotherapeutischen Methoden wird nun nicht nur populär, sondern auch chic. Man kann den aufkommenden Coaching-Boom der 1980er-Jahre insofern als eine Adaption und Verwandlung dessen verstehen, als eine „Light-Variante" – jenseits der institutionalisierten Psychotherapie. Offenbar liegt Coaching „in der Luft", hat sich in verschiedenen Bereichen entwickelt und erlebt nun teilweise eine Synthese:

- **Pädagogik:** Als Coach wird ein unabhängiger Privatlehrer bzw. Repetitor für Studierende an Universitäten verstanden, der Studierende auf Prüfungen vorbereitet. Der Begriff ist schon seit dem Beginn des 19. Jahrhunderts umgangssprachlich geläufig. Die Wortbedeutung wird später auf weitere Bereiche generalisiert, sodass man allgemein die Vorbereitung auf ein besonderes Ereignis darunter versteht.

- **Sport:** Seit Mitte des 19. Jahrhunderts wird in der angloamerikanischen Kultur der Sportplatz als priorisierter Ort der Charakterbildung betrachtet. Sportler sind Vorbilder für die Massen. Sie werden bewundert und verehrt. Der Coach ist der praxisorientierte Sportlehrer, der seine Schüler auf dem Platz anleitet – nicht nur in ihrer physischen, sondern auch in ihrer mentalen Entwicklung. Coaching entwickelt sich zunehmend als von der Sportart unabhängige Methodik der körperlichen und geistigen Ertüchtigung – und wächst über die Sportdomäne hinaus.

- **Unternehmen:** Zum Rollenspektrum eines Managers gehören Entscheidung, Organisation, Controlling und – seit den 1930er-Jahren zunehmend – die Praxisanleitung des Management-Nachwuchses durch Fallarbeit und Lernbegleitung. Coaching ist ein Leistungsdialog mit dem Zweck der Leistungssteigerung. Der Coach ist Führungskräfteentwickler.

Entwicklungsphasen des Coachings

Böning und Fritschle (2008) beschreiben die weitere historische Entwicklung mittels eines Phasenmodells:

1. Der Ursprung (70er- und 80er-Jahre in den USA)
2. Erweiterung (80er-Jahre in den USA)
3. „Der Kick“ (Mitte der 80er-Jahre in Deutschland)
4. Systematische Personalentwicklung (Ende der 80er-Jahre in Deutschland)
5. Differenzierung (Anfang der 90er-Jahre)
6. Populismus (Mitte/Ende der 90er-Jahre)
7. Vertiefte Professionalisierung (ab 2002)

Jüngst hat Böning in einem Vortrag das Modell um zwei weitere Phasen ergänzt:

8. Der Einstieg der Hochschulen in die Weiterbildung (ab 2008)
9. Zunehmende Heterogenität des Feldes und Digitalisierung (ab 2014/15)

Solche Phasenmodelle erscheinen zumeist plausibel und erhöhen die Orientierung, verschweigen allerdings, dass es ein Leichtes ist, im Nachhinein schlauer zu erscheinen. Kritiker deuten die Geschichte teilweise anders: Coaching sei nur deshalb in Mode gekommen, weil es rasant ansteigende Publikationszahlen zum Thema gegeben habe. Coaching sei somit Ergebnis einer medialen, sich selbst erfüllenden

Prophezeiung: der Veröffentlichungsboom nicht als Folge, sondern als Ursache für eine Zunahme des Interesses in der Praxis. Andere betrachten Coaching nicht als „edles" und eigenständiges Reflexionsarrangement, sondern als schlichte Folgemaßnahme auf die umfassende Personaldiagnostik im Personalmanagement. Coaching als intensives Auswertungsgespräch nach einem 360-Grad-Feedback beispielsweise: Wenn die Führungskraft kreidebleich und niedergeschlagen vor ihren Befragungsergebnissen sitzt, braucht sie jemanden, der ihr erst einmal zuhört, der empathisch ist, dann so langsam in die gemeinsame Reflexion einsteigt, in der Folge Entwicklungsmöglichkeiten aufzeigt und schließlich als Sparringspartner und Trainer diese Entwicklung erfolgreich begleitet. Die Kritik am heldenhaften Aufstieg einer neuen Profession kommt also bescheidener und unspektakulärer daher als aus dem Mund ihrer Protagonisten.

1.2 Die Vorläufer

Der Eindruck, Coaching sei ein recht junges Konzept, täuscht. Wenn man ein paar Schritte zurücktritt, kann man die Wurzeln bis weit in die Vergangenheit verfolgen:

Griechische Philosophie

Sie lässt sich als ein Biotop der Weisheitslehre betrachten. Unter den griechischen Philosophen sticht Sokrates (469-399 v. Chr.) hervor. Er versteht sich als „Hebamme" der Erkenntnis (Mäeutik = geistige Geburtshilfe). Sein Motto lautet: Ich weiß, dass ich nichts weiß. Seine Methode des Fragens lässt die Erkenntnis im Dialog wachsen – ohne zu belehren.

Hinduismus

Das Bild der Kutsche mit Krishna als Wagenlenker und dem verzweifelten Fürsten Arjuna ist ein zentrales Motiv im Hinduismus und vermutlich zwischen dem fünften und dem zweiten vorchristlichen Jahrhundert entstanden: In der Schlacht gegen seine Verwandten verzweifelt Arjuna – und will nicht kämpfen. Sein Freund und Wagenlenker Krishna weist ihm den Weg, richtig zu handeln. Dieses Gespräch, das zwischen den beiden kampfbereiten Heeren stattgefunden haben soll, ist als Bhagavadgita in die Literatur- und Religionsgeschichte eingegangen.

Jüdisch-christliche Tradition

In dieser religiösen Tradition trifft man ebenfalls und immer wieder auf spezifische Beratungssituationen, man denke nur an die Weissagungen Josephs an den Pharao: Der Pharao hatte seltsame Träume, die er sich nicht erklären konnte und die ihn ängstigten. So erzählt er von sieben fetten und sieben mageren Kühen (Genesis 41, 1-36). Joseph deutet diese als sieben fette und sieben magere Jahre und rät dem Pharao, Getreidespeicher zu errichten und zu füllen, um für Notzeiten gerüstet zu sein. Auch die Institution der Propheten in der jüdischen Gesellschaft könnte man hier anführen. Sie halten den Mächtigen, aber auch dem ganzen Volk den Spiegel vor und sehen in die Zukunft. Sie haben beispielsweise Visionen vom göttlichen Strafgericht, mahnen deshalb soziale Gerechtigkeit und Gottesfurcht an. Oder betrachten wir – kleiner Sprung durch die Jahrhunderte – die Institution des katholischen Beichtgesprächs, in dem der Priester den Gläubigen bei der Gewissenserforschung hilft und ihnen in Gottes Namen die Sünden erlässt, als ein spezifisches Kommunikationsarrangement.

Coaching-Bedarf gibt es seit Menschengedenken

Seit Menschengedenken gibt es offensichtlich bei Personen Bedarf an Assistenz, Expertise, Belehrung, Beratung, Hilfe oder wie auch immer man diese Funktion bezeichnen mag. Und es gibt ebenfalls Personen, die diese anbieten. Die Art und Weise, wie diese Hilfe angeboten wird, mag unterschiedlich aussehen. Immer ist es offensichtlich ein menschliches Gegenüber, das diese Hilfe möglich macht. Mal wird dieses Gegenüber nur aufmerksam zuhören, mal wird es hilfreiche Fragen stellen, mal wird es Antworten geben und manchmal auch tatkräftig anpacken.

Wenn sich nun seit den 1980er-Jahren eine qualitative Veränderung in dieser Beziehung ereignet haben sollte, dann, so könnte man behaupten, hat diese die Richtung einer breiten Popularisierung und einer Professionalisierung zugleich genommen. Mitte der 1980er-Jahre wird der Begriff Coaching zunehmend inflationär gebraucht und erobert sprunghaft die allgemeine Trainings- und Weiterbildungsdomäne. Der Unterschied, den das moderne Coaching zu den Vorläufern markiert, scheint jedoch in der Popularisierung psychotherapeutischer Methoden in den 1970er-Jahren sowie den speziellen sozioökonomischen Rahmenbedingungen seit der Mitte der 1980er-Jahre zu liegen.

1.3 Das professionelle Umfeld

Kritiker nennen solche Begründungsszenarien (Stichworte: Individualisierung, Flexibilisierung) pauschal und wohlfeil „die üblichen Verdächtigen". Im Nachhinein sei man eben immer schlauer. Doch entsprechen die Argumente einer bekannten soziologischen These, der sogenannten funktionalen Differenzierung. Moderne Gesellschaften differenzieren sich immer weiter aus, werden komplexer, deshalb erhöht sich auch der allgemeine Orientierungsbedarf. Coaching würde genau diese Funktion erfüllen: die Orientierung des Einzelnen in einer Multioptionsgesellschaft zu verbessern, in der alte, feste Strukturen sich auflösen.

Was unterscheidet Coaching von seinen älteren „Wettbewerbern"?

Nun kann man argumentieren, vor dem bewusst wahrgenommenen Marktauftritt von Coaching gab es schon etliche, teilweise auch schon professionalisierte Angebote für solche Problemlagen, für die Coaching sich anschickt, ein spezielles Angebot zu sein. Kurz gesagt, es sind schon etliche Wettbewerber im Feld: Psychotherapie, Supervision, Mentoring, Training, Beratung. Coachs haben selbstverständlich ein Interesse daran, Coaching als neuartig darzustellen. So wird gerne die Meinung vertreten, die eigentliche Innovation des (modernen) Coachings liege in der Kombination bestehender Modelle. Daraus sei ein neuer Bezugsrahmen entstanden: individuelle und diskrete Beratungsbeziehung gegen Honorar. Coachs und ihre Verbände werden also nicht müde, Coaching als etwas Besonderes von anderen kommunikativen Arrangements abzugrenzen:

- **Psychotherapie:** Coaching dürfe nicht als „verdeckte Psychotherapie für Manager" konzipiert werden. Coaching sei ein Angebot an „gesunde" Personen, sich mit Problemen auseinanderzusetzen, die im Berufsleben virulent würden. Die Behandlung psychischer Erkrankungen oder Substanzabhängigkeiten sei – gesetzlich eindeutig geklärt – Sache von entsprechend ausgebildeten, medizinischen oder psychotherapeutischen Experten.

- **Supervision:** Supervision sei als Konzept ursprünglich im sogenannten Non-Profit-Bereich für sogenannte Beziehungsarbeiter entstanden. Sozialarbeiter, Therapeuten oder ähnliche Berufsgruppen bietet sich damit die Möglichkeit, das eigene Handeln zu reflektieren. Der Aspekt der Reflexion verbindet Coaching und Supervision. Doch der Tätigkeitsbereich Wirtschaft und die unterschiedliche Kultur unterscheide beides.

- **Mentoring:** Mentoring als Patenschaft zwischen einem älteren und erfahrenen sowie jüngeren und unerfahrenen Mitarbeiter impliziere fast immer ein hierarchisches Gefälle. Beim Mentoring gehe es primär um die Interessen der Organisation – wie das Einarbeiten neuer Mitarbeiter (sog. Onboarding) oder das Binden an die Organisation (sog. Retention). Der Coach fühle sich hingegen primär dem Klienten gegenüber verantwortlich. Mentoren könnten, müssten aber nicht speziell für ihr Amt ausgebildet sein. Freiwilligkeit sei beim Mentoring nicht immer gegeben, dafür würde zumeist die Langfristigkeit der Beziehung unterstrichen.

- **Training:** Die Funktion von Training liege darin, gezielt bestimmte Verhaltensweisen zu entwickeln. Im Coaching hingegen gehe es häufig um Haltung und Werte, die konkretem Verhalten zugrunde liegen – es also beispielsweise sabotierten. Der Trainer sei eher sachorientierter Anleiter und Experte, der Coach eher beziehungsorientierter Zuhörer und Reflexionspartner. Die Trainingszielgruppe sei breit, die Inhalte von Trainings seien oft vorgegeben oder standardisiert (z.B. Verkaufstraining). Coaching wiederum fokussiere auf die Zielgruppe der Führungskräfte, die in der Regel schon etliche Trainings absolviert hätten, nun aber individuell an ihrer Haltung arbeiten wollten.

- **Beratung:** Coaching grenze sich als Prozessberatung von der Expertenberatung ab. Der Coach übernehme zwar Verantwortung für den Beratungsprozess, aber nicht für das Ergebnis. Er leiste insofern „Hilfe zur Selbsthilfe“ und definiere seine Rolle als „auf Augenhöhe“ mit seinem Klienten. Das schließe nicht aus, dass Fachexpertise und Feldkompetenz für den Coach nützlich sein könnten. Die Zielgruppe von Beratung sei damit recht breit, Coaching fokussiere hingegen primär auf Führungskräfte.

1.4 Die Abgrenzungsschwierigkeiten

Solche Abgrenzungen sind allerdings normativer Art; sie werden gesetzt. Man kann auch vermuten, dass diese sehr bewusst generiert werden, um das Profil von Coaching verkaufsfördernd gegenüber der Konkurrenz zu schärfen. Der Wettbewerb, der schon länger im Feld unterwegs ist, hat das selbstverständlich beobachtet – und auch darauf reagiert. So haben sich in den vergangenen Jahren alle relevanten Supervisions- und Trainerverbände ebenfalls zu Coaching-Verbänden umbenannt: Der ursprünglich als Verkaufstrainerverband gegründete Berufsverband der Trainer, Berater und Coachs – BDVT (2008), die bislang auf Supervision fokussierte European Association for Supervision und Coaching – EASC (2011) und der schweizerische Berufsverband für Coaching, Supervision und Organisationsberatung – bso (2011) sowie die sich traditionell ebenfalls als eindeutige Heimat der Supervisoren verstehende Deutsche Gesellschaft für Supervision und Coaching – DGSv (2016).

Viele einst anders aufgestellten Verbände geben nun Coachs eine Heimat

So werden die (mühsam) herausgestellten Unterschiede schnell wieder eingeebnet. Und in der Tat, schaut man sich die soeben vorgetragenen Abgrenzungen einmal kritisch an, verstärkt sich dieser Eindruck:

Coaching vs. Psychotherapie

De facto gibt es juristische Klippen für Coachs. Die juristische Materie ist aber komplizierter, als mancher denkt, weil hier unterschiedliche Rechtskreise betroffen sind. So wird in Deutschland die Berufsausübung verfassungsrechtlich geschützt. Allerdings gibt es gesetzliche Einschränkungen dieser freien Berufsausübung im Bereich der Heilkunde (Psychotherapeutengesetz – PsychThG; Heilpraktikergesetz – HeilprG). Coachs dürfen folglich nicht heilkundlich arbeiten, also keine Störungen mit Krankheitswert (wie Depression etc.) diagnostizieren oder vorgeben, diese zu lindern oder zu heilen. Denn dazu benötigen sie entweder eine Approbation als Psychotherapeut oder eine Heilpraktiker-Erlaubnis.

Juristische Definitionen sind das eine, empirische Untersuchungen das andere. Kann man sich als Coaching-Aspirant darauf verlassen, bei potenziellem Psychotherapiebedarf vom Coach abgelehnt und an einen ärztlichen oder psychologischen Psychotherapeuten verwiesen zu werden? Wissenschaftliche Studien zu dieser Frage wecken gehörige Zweifel: Offensichtlich überschätzen viele Coachs nicht nur ihre Kompetenz, ihnen scheinen auch die juristischen Konsequenzen nicht klar zu sein – oder sie fürchten sie nicht. Das könnte aber im konkreten Fall zu Schwierigkeiten wie einer staatsanwaltlichen Ermittlung führen.

Die Grenzüberschreitung zur Psychotherapie – auch ein juristisches Problem

Nun sollte man aus solchen Befunden wiederum nicht vorschnell weitreichende Schlüsse ziehen. Denn auch lediglich die Hälfte der Hausärzte erkennt klinisch bedeutsame Depressionen, so kann man nachlesen. US-amerikanische Psychiatrie-Experten warnen schon länger vor einer inflationären Ausbreitung psychiatrischer Diagnostik, die aus Gesunden immer mehr potenziell Kranke mache. Beispielsweise wird aus einem aufgeweckten Kind mit Bewegungsdrang schnell ein hyperaktives Kind, dem Psychopharmaka verschrieben werden. Sinnvoll wäre deshalb, Grundkenntnisse psychischer Störungen systematisch in den Curricula von Coaching-Weiterbildung zu verankern. Leider können wir solches bislang in der Breite noch nicht wahrnehmen.

Coaching vs. Supervision

Manche setzen beides gleich, andere betonen stärker die Unterschiede zwischen Coaching und Supervision. Einen nicht unwesentlichen Unterschied zwischen beiden Praktiken bildet der verschiedenartige Tätigkeitsrahmen: Profit- vs. Non-Profit-Bereich, Wirtschaft vs. Wohlfahrt. Und damit werden unterschiedliche wirtschaftliche und – vor allem – kulturelle Rahmenbedingungen angesprochen. Kein Wunder also, wenn der Supervision vonseiten des Coachings gerne „Wirtschaftsfeindlichkeit", dem Coaching vonseiten der Supervision entsprechend „Wirtschaftshörigkeit" vorgeworfen wird. De facto arbeiten etliche Berater „sowohl als auch". Und dass sich in den vergangenen Jahren alle relevanten Supervisions- und Trainerverbände ebenfalls zu Coaching-Verbänden umbenannt haben, wurde schon erwähnt.

„Wie hältst Du's mit der Wirtschaft?"

Coaching vs. Mentoring

Statt die Unterschiede zwischen beiden zu betonen, wird kritisiert, Mentoring ähnele oft dem internen Coaching. Organisationen stellen Coachs an, damit diese für sie – meistens exklusiv – tätig sind. Ganz so leicht lässt sich eine solche Abgrenzung folglich nicht aufrechterhalten. Und so wundert es auch nicht, dass es einen Verband gibt, der beides vereinen möchte, das European Coaching and Mentoring Council (EMCC).

Coaching vs. Mediation

Mediation als Konfliktlösungsansatz fokussiert primär auf Konfliktlagen. Im Coaching hingegen kann eine breite Palette an Themen adressiert werden. Doch in der Mediation lauern vielleicht in der Tiefe weitere Themen, die bearbeitet werden wollen oder sogar müssen, ehe es zu einer gütlichen Einigung der Parteien kommen kann. Unterschiede können zudem im Rollenkonzept leicht ausgemacht werden: Der Mediator reklamiert für sich die Allparteilichkeit gegenüber den Konfliktparteien. Der Coach ist im privaten Zweiersetting in der Regel Partei des Klienten. Letzteres könnte man auch als Kumpanei kritisieren, denn der Coach muss Nähe und Distanz professionell balancieren.

Coaching wie Mediation brauchen „Kontextsensibilität"

Im Business-Coaching hat der Coach jedoch ebenfalls zwei Auftraggeber – den Klienten und das Unternehmen. Beide müssen nicht gleiche Interessen haben oder Meinungen vertreten. Der sogenannte Dreieckskontrakt muss auch ausbalanciert werden. Vergegenwärtigt man sich, dass in der Mediation auch eine Pendeldiplomatie praktiziert werden kann, schmelzen die Unterschiede zwischen beiden Arrangements schnell dahin. Und für beide Arrangements gilt, dass im „Dunklen" weitere Stakeholder anwesend und wirksam sein können. Ohne eine Kontextsensibilität ist weder im Coaching noch in der Mediation erfolgreiches Arbeiten denkbar.

Coaching vs. Training

Nicht erst seitdem Blended Learning, also ein Methodenmix, in der Bildungsarbeit allgemein Zuspruch findet, mag vielen diese Gegenüberstellung artifiziell erscheinen. Auch Verhalten und Werte zu polarisieren, vermag ganzheitlich Denkende nicht wirklich zu überzeugen: Wo genau sollte die Grenze zwischen Motivation und Werten liegen? Bei genauerer Betrachtung zeigt sich auch im Sport: Hochwertiges Training zeichnet sich durch Ganzheitlichkeit, sein Design durch hohe Adaptivität und Individualität, eine Ermöglichungsdidaktik und eine Beziehung auf Augenhöhe aus. Konzeptionell lässt sich ein Unterschied zwischen beiden Arrangements also kaum begründen. So verwundert es wiederum nicht, dass Verbände wie der Deutsche Verband für Coaching und Training (dvct) Coaching und Training vereint vertreten.

Coaching vs. Beratung

Hier wird zumeist die Unterscheidung zwischen Experten- und Prozessberatung in Anschlag gebracht. In der Expertenberatung verfügt der Berater über mehr Wissen und Erfahrung als sein Kunde; das impliziert ein Hierarchiegefälle (typisch: Arzt, Anwalt sowie andere Professionen). Solche Berater haben auch oft eigene Interessen (Umsatz, Wieder- und Zusatzverkauf, Weiterempfehlung, Reputation). In der Prozessberatung hingegen verhält sich der Berater inhaltlich weitgehend abstinent; er übernimmt zwar Verantwortung für den Beratungsprozess, aber nicht für das Ergebnis. Damit ähnelt der Prozessberater eher einem Makler. Er zeigt Optionen auf, vermehrt die Perspektiven, reflektiert, simuliert – bewegt sich somit „auf Augenhöhe" und gibt die Entscheidung dabei immer wieder an seinen Klienten zurück. Eigene Interessen des Coachs als Prozessberater sind nicht von der Hand zu weisen, es fehlt ihnen aber qua Rolle der verkäuferische Impetus.

Coachs liefern immer auch Input, um wirksam zu werden

Diese Unterscheidung ist aber nicht wirklich trennscharf. Wo genau verläuft die Grenze? Oder um es provokant zu sagen: Ein schlaues Wort – und schon ist man Experte! Puristisch als „Beratung ohne Ratschlag" verstanden, könnte es den Coach daran hindern, in Gänze wirksam zu werden. Klären, Reflektieren, Realitätsabgleich, Inspirieren, Umsetzen, Auswerten – all das setzt voraus, dass nicht nur Input vom Klienten, sondern auch vom Coach kommt. Woran (Kriterien) soll etwas geklärt werden? Woher (von wem?) kommt die Inspiration? Wie sonst sollte es zu Klärung und Inspiration kommen, wenn nicht in einer Koproduktion von Coach und Klient?

Es überrascht immer wieder, wie selbstverständlich und offenbar unreflektiert diese Unterscheidung in der Praxis in die Diskussion eingebracht wird. Auch hier drängt sich der Eindruck auf, Marketing-Überlegungen seien der eigentliche Grund. Man wolle sich als besonders edel und einfühlsam verkaufen. Doch nehmen wir diese Behauptung einmal kritisch ernst. Wären Sie bereit, eine Stange Geld auf den Tisch zu legen, wenn Ihnen Ihr Geschäftspartner sagt: „Ich will Ihnen nichts überstülpen, die Lösung müssen Sie schon selbst finden, ich begleite Sie bloß." Da müsste doch vermutlich mehr drin sein. Sie wollen doch keine „Katze im Sack" kaufen ... Genau diese Ungewissheit teilt Coaching mit allen anderen Dienstleistungen. Wobei es selbstverständlich einen Unterschied macht, ob Sie jemanden dafür engagieren, dass er Ihnen den Rasen mäht, die Haare schneidet, die Altersvorsorge sichert oder Ihre Karriereentwicklung auf einen guten Weg bringt. Die Anforderungen an einen Coach sind besonders hoch. Daher könnte man gut begründet argumentieren, vom Coach erwarte man mehr als eine reine „Begleitung".

Bilanziert man folglich diese Liste an Abgrenzungsversuchen und Einwendungen dagegen, kommt man schnell zu dem Fazit. Bei genauerer Betrachtung erscheint es nur schwer möglich, die einzelnen Arrangements zu trennen. Je nach Situation und Anwendungsfeld kann man verschiedene Begrifflichkeiten benutzen. Lediglich in Richtung Psychotherapie sollten Coachs sich klar abgrenzen, da sie ansonsten Gefahr laufen, mit dem Gesetz in Konflikt zu geraten.

1.5 Definitionen

Was Coaching ist oder sein soll, ist in der Öffentlichkeit weitgehend ungeklärt – und gelegentlich Gegenstand des Ratens, Raunens, Munkelns oder Fantasierens. Wenn es doch eine klare und eindeutige Definition von Coaching gäbe, käme man vermutlich schnell zum Punkt – so der Wunsch und die Hoffnung. Das Problem ist nur, es gibt eine kaum überschaubare Anzahl an Coaching-Definitionen, aber keine allgemeingültige. Hier seien zwei prominente englischsprachige und zwei deutschsprachige herausgehoben:

- **Sehr breite Definition:** „A socratic-based future-focused dialogue between a facilitator (coach) and a participant (coachee/client), where the facilitator uses open questions, active listening, summaries [sic] and reflections which are aimed at stimulating the self-awareness and personal responsibility of the participant" (Passmore & Fillery-Travis, 2011; S. 74).

- **Breite Definition:** „ICF defines coaching as partnering with clients in a thought-provoking and creative process that inspires them to maximize their personal and professional potential, which is particularly important in today's uncertain and complex environment.

Coachs honor the client as the expert in his or her life and work and believe every client is creative, resourceful and whole" (ICF, o. J.).

- **Fokus auf eine Zielgruppe:** „Coaching ist die professionelle Beratung, Begleitung und Unterstützung von Personen mit Führungs- und Steuerungsfunktion und von Experten in Unternehmen bzw. Organisationen sowie von Freiberuflern" (Schreyögg, 2019; S. 18).

- **Fokus auf Wirkfaktoren:** „Coaching ist eine intensive und systematische *Förderung ergebnisorientierter Problem- und Selbstreflexion sowie Beratung* von Personen oder Gruppen zur Verbesserung der Erreichung selbstkongruenter Ziele oder zur bewussten Selbstveränderung und Selbstentwicklung" (Greif, 2008; S. 59, Hervorhebung im Original).

Soll sich der Praktiker nun aussuchen, welchem Verständnis er zuneigen möchte? Oder soll er sich an Verbänden orientieren? Von denen gibt es allerdings zahlreiche. Der deutsche Roundtable der Coaching-Verbände (RTC), eine Interessengemeinschaft von (seinerzeit) zehn Berufs- und Fachverbänden, legt im Jahr 2015 erstmals eine gemeinsam abgestimmte Grundaussage zur Profession vor (RTC, 2015; S. 2):

Definition des Roundtable der Coaching-Verbände

„Coaching richtet sich an einzelne Personen (bzw. Personengruppen) und fördert deren Fähigkeit zur Selbstorganisation im Berufs- und Arbeitsleben. Coaching unterstützt die Person bei der Gestaltung ihrer persönlichen Entwicklung, ihrer sozialen Rollen und ihrer Kooperationsbeziehungen sowie bei der Bewältigung ihrer Entscheidungs- und Handlungsanforderungen im Arbeitsleben.

Coaching wird durch einen Coach ausgeübt, dessen Qualifizierung von einem Berufs- oder Fachverband anerkannt ist.

Im Dialog zwischen Coach und Klient werden Reflexions- und (Selbst-) Erfahrungsräume eröffnet und Klärungsprozesse initiiert. Durch die Erschließung neuer Perspektiven werden Entwicklungspotenziale und Handlungsspielräume erschlossen, Lern- und Veränderungsprozesse angeregt und begleitet sowie die Entscheidungs- und Handlungsfähigkeit gestärkt."

Leider haben dem deutschen Roundtable der Coaching-Verbände (RTC) nach dessen Gründung als eingetragenem Verein etliche Verbände wieder den Rücken gekehrt. Es kochen etliche offenbar lieber ihr eigenes Süppchen, als Sonderinteressen dem Sprechen mit einer Stimme hintanzustellen.

1.6 Die Professionalisierung des Coachings

Es reicht schlicht nicht aus, gute Arbeit zu leisten, sie muss auch gut verkauft werden und Anerkennung finden. Somit fällt in diesem Zusammenhang meist das Stichwort Professionalisierung. Alle Marktteilnehmer, Anbieter wie Nachfrager, haben ein Interesse an mehr Klarheit und Sicherheit.

Coaching liegt außerhalb der „alten Welt" klassischer Berufe

Coaching muss zunächst von den „anderen" Berufen (Produzierendes Gewerbe, Handwerk, Handel) mit deren klar geregelten Ausbildungsgängen abgegrenzt werden. In dieser „alten Welt" nehmen klassische Professionen – Priester, Arzt, Jurist, Lehrer – eine gesellschaftliche Sonderrolle ein. Diese lässt sich einerseits durch ihren Dienstleistungscharakter spezifizieren, andererseits fällt auf, dass der Staat (bzw. die Kirchen) deren Tätigkeitsfeld politisch begründet institutionalisieren, regulieren und überwachen – und damit (tendenziell) marktfern halten. Die Gesundheit beispielsweise ist der Gesellschaft ein so hohes Gut, dass man es nicht dem freien Spiel der Marktkräfte überlassen möchte. Profession meint in diesem Sinne eine spezielle Ausprägung gehobener beruflicher Tätigkeit, die mit einem Expertenstatus, einem Berufsethos, einer berufsständischen Organisation (z.B. Kammer) sowie mit gewissen Entscheidungskompetenzen (Handlungsmonopol) verbunden ist. Zu diesen klassischen Professionen gehört Coaching nicht.

Die „alte Welt" hat ihre Ausschließlichkeit aber inzwischen eingebüßt. Der Markt hat sich längst eigenes Terrain erobert, wie z.B. in der Medizin (Privatversicherung oder individuelle Gesundheitsleistungen, die die Krankenkasse nicht bezahlt). Neben den staatlichen Schulen gibt es nicht nur private Schulen, sondern drumherum auch einen Markt für Nachhilfeunterricht. Im Laufe des gesellschaftlichen Modernisierungsprozesses hat sich die alte Lage deutlich relativiert. Die Gründe:

- **Liberalisierung:** Der Staat hat sich aus etlichen Bereichen zurückgezogen (Deregulierung), zunehmend regelt der Markt das Angebot.
- **Informationsexplosion:** Das exklusive Machtmonopol der Experten ist im Internetzeitalter nur noch relativ, selbst Expertenwissen ist heute leicht verfügbar.
- **Kultureller Wandel:** Statt standardisiertem Fachwissen wird heute Flexibilität in Denken und Handeln statt Dogmatik als professionelle Kompetenz erwartet.

Professionalität wird weniger durch Berufsstandards als vielmehr durch den Markt bestimmt

Das alte Modell von Berufen und Professionen (das kontinentaleuropäische Modell) wird zunehmend von einem neuen (US-amerikanisch geprägten) Markt-Modell herausgefordert. Während der Professionelle im klassischen Modell sich den durch eine Profession festgelegten Standards unterwirft (Akademisierung, Standardisierung, Regulierung), entwickelt der „moderne" Professional sich weitgehend individuell und möglichst wenig durch externe Normen eingeschränkt. Er verspricht Qualität, zeigt, was er kann – und überzeugt damit seine Kundschaft. Nicht der Staat oder die Kammer, sondern der Markt reguliert nach dieser Auffassung Professionalität.

Recht schnell hat sich die Coach-Szene darangemacht, sich am Markt zu positionieren. Eine der ersten Maßnahmen waren Verbandsgründungen (s. Kap. 9, S. 165). Zusammen ist man mehr als allein. Das Spektrum der Coaching-Verbände ist aber recht breit und die Grenze zwischen Marketingzirkel und „berufsständischer" Vertretung erscheint fließend. Die Landschaft ist wenig übersichtlich – und vor allem geprägt durch recht unterschiedliche Positionen. Wenn schon die Coaching-Branche es nicht schafft, klare Standards bzgl. Aus- und Weiterbildung, Ethik etc. zu etablieren („Selbstkontrolle der Leistungserbringer"), befinden sich die einkaufenden Personalentwickler der Unternehmen ebenfalls in einem Dilemma.

Auch die Coach-Branche schafft es nicht, Standards zu etablieren

Mit dem sogenannten Coach-Pool haben sich viele Unternehmen ein Kanalisierungsinstrument geschaffen. Sie „casten" eine Anzahl von Coachs, die sie in einen Pool aufnehmen, aus dem sie sich dann im konkreten Fall bedienen können. Da man die Kompetenzen der Coach-Pool-Mitglieder erfasst sowie hoffentlich auch ausführliche Gespräche geführt oder sogar Arbeitsproben gesehen hat, kann man dann im Bedarfsfall gezielt und schnell Coachs ansprechen. Auch Rahmenverträge und Honorarverhandlungen sind schon abgeschlossen. So kommt man schneller ans Arbeiten, als im Bedarfsfall unvorbereitet zu sein. Ob und wie viel Coaching-Kompetenz allerdings im Unternehmen existiert, steht wohl auf einem anderen Blatt. Es gibt genügend Stimmen, die die Einkaufspolitik etlicher Unternehmen als verbesserungswürdig bezeichnen. Andererseits muss man anerkennen, dass – vor allem größere – Unternehmen inzwischen für Coaching sensibilisierte Personaler einstellen und weiterbilden.

Zertifizieren, um zu legitimieren?

Eine weitere Strategie zur Marktregulation eröffnet sich über Zertifizierungen (s. Kap. 9.2, S. 173). Sie dient beiden Seiten zur Legitimation. Neben Weiterbildungsinstituten zertifizieren auch Verbände ihre Mitglieder. Hinterlegt wird dies mit einem Ausbildungscurriculum bzw. mit einer Zertifizierungsordnung. Jenseits der Verbände haben auch immer wieder Zertifizierungs- und Auditierungsagenturen – allerdings mit begrenzter Wirkung – versucht, den Markt zu strukturieren. Übersehen wird bei solchen Legitimierungsinitiativen (Parole: zertifiziert = gut), dass dieser Ansatz grundsätzlich zu kurz greift. Es wird, im Bild gesprochen, nur ein Führerschein ausgestellt. Das spätere Fahrverhalten und die Unfallstatistik kommen dabei nicht in den Blick. Zudem ist ein Führerschein im Coaching keine Pflicht, zahlreiche „Verkehrsteilnehmer" fahren ohne und es kontrolliert auch niemand den Verkehr. Bei Coach-Zertifizierungen handelt es sich zumeist lediglich um Strukturqualität, wie man im Qualitätsmanagement sagt, also bloß um eine Input-Variable. Man hofft, dass Coachs, die eine Coach-Weiterbildung durchlaufen haben, besser auf die berufliche Tätigkeit vorbereitet sind als die selbsternannten Kolleginnen und Kollegen. Eine neue Entwicklung im Verbandsspektrum ist, sich mit einer initialen Weiterbildung (sog. Coach-Ausbildung) nicht zufriedenzugeben, sondern eine kontinuierliche Weiterbildung zu fordern. Der „Führerschein" bekommt damit ein Ablaufdatum. Man kann das als Fortschritt betrachten.

Keine gesetzgeberische Initiative in Sicht

Ein Interesse des Staates an einem Coaching-Berufsrecht in Deutschland ist bislang nicht festzustellen. Voraussetzung eines solchen Gesetzes wäre eine staatlich anerkannte oder wissenschaftlich fundierte Ausbildung zum Coach. Coaching ist aber eine Weiterbildung. Diese ist Privatsache. In Europa sind Coachs in einem mehrheitlich gesetzlich nicht geregelten Feld tätig. Man kann das auch eine rechtliche Grauzone nennen.

Viele Coachs wünschen sich, dass der Begriff Coach geschützt wäre. Das geht aber – jenseits eines Coach-Gesetzes – nur über das Markenrecht (s. Kap. 9.1, S. 167). Da Coach ein generischer Begriff ist, kann man ihn nicht als Marke schützen lassen. Es würden Marktteilnehmer ein Monopol erwerben und den Markt dominieren können. Zudem würden diverse andere Rechte (z.B.: freie Berufswahl) eingeschränkt.

Neben der Zertifizierung verpflichten einige Coach-Verbände ihre Mitglieder auf sogenannte Ethik-Kodizes. Damit stellt man Verbindlichkeit nach innen, aber auch nach außen her. Ein Zuwiderhandeln kann zum Verbandsausschluss führen. Eine weitere Maßnahme bildet die Einführung eines Beschwerdemanagements. Die Kundschaft kann sich an Ombudspersonen oder Sachverständige mit Bitte um Klärung oder Hilfe wenden.

Alle aufgezählten Maßnahmen sind freiwillige und proaktive Signale an den Markt. Eine Aufsicht oder Kontrolle der Coachs durch den Staat bzw. Gesetzgeber findet nur im Rahmen allgemeiner Vorschriften statt. Solange es kein Coach-Gesetz (beispielsweise vergleichbar dem Mediationsgesetz) gibt, muss man lediglich Steuern zahlen und sich an diverse Gesetze halten. Dass die „schützende Hand" des Staates, die die alten Professionen reguliert, alsbald das Coaching unter seine Fittiche nehmen wird, ist nicht erkennbar. Und es würden vermutlich auch viele Coachs die „Risiken und Nebenwirkungen", wie eine Pflichtmitgliedschaft in einer Kammer oder gar eine einheitliche Gebührenordnung, ablehnen.

Ordnen zukünftig Digital Coaching Provider den Marktzugang?

Dafür, dass die Marktseite sich nun stärker organisiert und positioniert, sprechen inzwischen auch einige Indizien. Man könnte mutmaßen, Unternehmen entziehen sich der Diskussion um Professionalität mit „Haustarifen". Die neue Entwicklung hin zu sogenannten Digital Coaching Providern (DCPs), die den pandemiebedingten Trend hin zur Digitalisierung für sich ausnutzen, wirft ein anderes Licht auf die Marktlage. Große Plattformunternehmen bieten den Unternehmen das Outsourcing von Coaching und den Coachs die Übernahme des Marketings an (s. Kap. 8.2, S. 154). Wohin das führen wird, kann man derzeit nur spekulieren. Möglicherweise führt es zu einer Spaltung des Markts: Hier die kleine High-End-Gruppe an Coaching-Manufakturen, dort der durch ein Plattformunternehmen orchestrierte Massenmarkt. Das ist ein Szenario, das derzeit diskutiert wird.

Hochschulen als neue Player

Als weiterer Player in der Professionalisierungsdebatte muss die Rolle der Hochschulen betrachtet werden. Die ehemals flächendeckende Aufsicht des Staates ist im europäischen Bologna-Prozess an Akkreditierungsagenturen delegiert worden. Studiengänge (Bachelor, Master) müssen akkreditiert werden. Den Hochschulen eröffnet sich eine ganze Bandbreite an Möglichkeiten, das Thema Coaching aufzugreifen: Sie können es, wo es passt, unspektakulär im laufenden Unterricht mit bedienen. Sie können aber auch ganze Module zum Thema in Studiengänge aufnehmen. Beispielsweise hat ein semesterlanger Kurs (Modul) zum Thema Systemisches Coaching einen sogenannten Workload von 125 Stunden (56 Unterrichtseinheiten Präsenzlehre plus 62 Stunden Selbstlernzeit sowie eine Prüfung). Darüber hinaus kann ein Studiengang auch einen Coaching-Schwerpunkt enthalten, der aus mehreren Modulen besteht. Oder es wird sogar ein ganzer Studiengang (Bachelor oder Master) zum Thema Coaching (ggf. inkl. Supervision und Organisationsberatung) akkreditiert. Solche Angebote kann man grob nach der Ausrichtung (Business vs. Sozialwirtschaft) differenzieren. Jenseits dessen können auch sogenannte Zertifikatskurse von Hochschulen angeboten werden. Diese sind dann nicht Studiengängen zugeordnet, sondern frei buchbare Weiterbildungen. Der Markt der Hochschulangebote zum Thema Coaching entwickelt sich seit Jahren dynamisch. Der letzte (Teil-)Überblick stammt aus dem Jahr 2019 und dürfte inzwischen auch schon wieder veraltet sein (Ebermann, 2019).

Win-win-Situation: Kooperationen von Hochschulen und privaten Anbietern

Eine clevere Entwicklung konnte nicht ausbleiben: Hochschulen können hingehen und Module beispielsweise mit Weiterbildungsinstituten bzw. -verbänden absprechen. Wenn das Ergebnis sowohl der Akkreditierungsagentur als auch dem Verband passt, haben die Hochschule und die dort Studierenden eine Win-win-Situation: Neben dem staatlich anerkannten Zeugnis gibt es zudem eine Verbandsanerkennung (Zertifikat). Eine Herausforderung für etliche private Weiterbildungsinstitute, die in der Vergangenheit eher pragmatisch gearbeitet haben: Man bekommt Konkurrenz und muss sich nun dem Anspruch stellen, evidenzbasierte Konzepte und Methoden zu lehren. Den Hochschulen eröffnen sich damit gleichzeitig Forschungszugänge in die Landschaft der Verbände, Institute und Coachs. Solche Hochschulkooperationen eröffnen einen dritten Weg zwischen den Alternativen Staat oder Markt.

Seit vielen Jahren gibt es zahlreiche Coaching-Kongresse – in Deutschland, in Europa und auch weltweit. Oft sind Verbände die Veranstalter und schaffen es, die Community der Coachs, aber auch „die andere Seite des Schreibtischs", die Personalentwickler in den Unternehmen, sowie weitere Interessierte zu versammeln und ins Gespräch zu bringen. Ein Meilenstein war der erste deutsche Coaching-Kongress im Jahr 2003 in Wiesbaden, an dem auch Vertreter aus der Schweiz und Österreich teilnahmen. Er gilt als Geburtsstunde des Deutschen Bundesverbands Coaching (DBVC). Einige Jahre später (2010) findet in Olten in der Nordwestschweiz der erste wissenschaftliche Kongress in Europa statt. Diese Kongress-Biennale versammelt seitdem die internationale, multidisziplinäre Forschergemeinde, Studierende, Praxisvertreter sowie weitere Interessenten an der Fachhochschule zum mehrtägigen Austausch. Die hochkarätigen Beiträge und Diskussionen sind in zahlreichen Fachbüchern dokumentiert worden. Der zehnjährige Jubiläumskongress musste aufgrund der Corona-Pandemie verschoben werden und wurde im Jahr 2021 als Online-Kongress durchgeführt.

Einige Jahre (2014-18) wurden an der Hochschule für Angewandtes Management in Erding, später Ismaning (beides: Nähe München), ebenfalls wissenschaftliche Coaching-Kongresse durchgeführt. Ein reger Austausch über das Coaching-Feld existiert zudem mit den beiden deutschsprachigen wissenschaftlichen Zeitschriften: *Coaching | Theorie & Praxis (CTP)* sowie *Organisationsberatung - Supervision - Coaching (OSC)*. Das „Handbuch Schlüsselkonzepte im Coaching" (Greif et al., 2018) darf man als Meilenstein betrachten: Hier findet sich der Stand der wissenschaftlichen Forschung auf knapp 700 Seiten in jeweils kurzen (ca. zehnseitigen) Kapiteln zusammengefasst.

Coaching ist auf dem Weg ...

Fietze (2015) bilanziert die Entwicklung im Coaching insgesamt zwar positiv, aber auch ambivalent:

- **Professionelle Expertise:** Der anfänglich feuilletonistische Diskurs transformierte sich inzwischen in einen anspruchsvollen wissenschaftlichen. Praxisfelder differenzieren sich aus. Es lässt sich dabei eine Ausrichtung auf übergreifende Fragestellungen, eine Multidisziplinarität und Methodenpluralität im Coaching beobachten.
- **Positionierung:** Dessen ungeachtet bleibe Coaching ein unscharfer Containerbegriff, der sich nicht leicht gegen Nachbardisziplinen abgrenzen lasse. Der Streit um Definitionen diene auch immer der (Selbst-)Positionierung auf dem Markt.
- **Professionalisierung:** Wenn auch die Professionsbildung im klassischen Sinne nicht gelungen sei, so seien doch Fortschritte in der Professionalisierung zu verzeichnen: Standards, Zertifizierungen, Akkreditierungen, die Beobachtung der Qualitätsentwicklung durch den Verbraucherschutz und die mediale Öffentlichkeit.

- **Korporatistische Selbstverwaltung:** Es haben sich Fach- und Berufsverbände etabliert, deren Mitgliederzahlen und Binnendifferenzierungen anstiegen. Mit dem Roundtable der deutschsprachigen Coachingverbände (RTC) sei nun auch eine überverbandliche Plattform entstanden.

Hat Coaching die Hälfte des Wegs zurückgelegt oder ist es auf halber Strecke liegen geblieben? Um diese alternativen Sichtweisen könnte man streiten – und es wird auch weiter gestritten. Alle Beteiligten – und Sie, werte Leserinnen und Leser – werden diese Diskussion beobachten und beeinflussen.

Literatur & Quellen

- Böning, U. & Fritschle, B. (2008). Coaching fürs Business. Was Coachs, Personaler und Manager über Coaching wissen müssen (2. Aufl.). Bonn: managerSeminare.
- Ebermann, D. (2019). Coaching als Studium. Master- und Bachelorstudiengänge. Coaching-Newsletter, 19(10), 1-4. https://www.coaching-magazin.de/beruf-coach/coaching-als-studium.
- Fietze, B. (2015). Coaching auf dem Weg zur Profession? Eine professionssoziologische Einordnung. In: A. Schreyögg & C. Schmidt-Lellek (Hrsg.), Die Professionalisierung von Coaching. Ein Lesebuch für den Coach (S. 3-21). Wiesbaden: Springer Fachmedien. https://doi.org/10.1007/978-3-658-08172-0_1.
- Greif, S. (2008). Coaching und ergebnisorientierte Selbstreflexion. Göttingen: Hogrefe.
- Greif, S., Möller, H. & Scholl, W. (2018). Handbuch Schlüsselkonzepte im Coaching. Heidelberg: Springer. https://link.springer.com/book/10.1007/978-3-662-49483-7.
- ICF (o. J.). Coaching FAQs. https://coachingfederation.org/faqs.
- Passmore, J. & Fillery-Travis, A. (2011). A critical review of executive coaching research: A decade of progress and what's to come. Coaching: An International Journal of Theory, Practice & Research, 4(2), 70-88. https://doi.org/10.1080/17521882.2011.596484.
- RTC (Hrsg.) (2015). Profession: Coach. Ein Commitment des Roundtable der Coachingverbände. http://www.roundtable-coaching.eu/wp-content/uploads/2015/03/RTC-Profession-Coach-2015-03-19-Positionspapier.pdf.

2.

Coaching als Business

In diesem Kapitel lesen Sie

Dieses Kapitel gibt Ihnen eine Orientierung darüber, zu welchen Fragen das Buch empirische Daten liefern kann, um sich als Coach erfolgreich am Markt zu positionieren. Außerdem werden die Grundlagen für einen Business-Plan besprochen sowie eine erste Anleitung für eine Selbstreflexion angeboten, die für die Existenzgründung bedeutsam ist. Kernaussagen sind:

- Eine erfolgreiche Existenzgründung wird durch einen Business-Plan unterstützt.
- Ein Business-Plan stellt die Bereiche dar, die von Bedeutung sind, um aus einer Idee ein Geschäft zu machen.
- Selbstreflexion ist ein Grundpfeiler für eine erfolgreiche Existenzgründung.
- Schwerpunkt dieses Buches sind Zahlen, Daten und Fakten zur Orientierung und Positionierung auf dem Coaching-Markt.

Die Geschäftsidee und der Business-Plan

2.1

Dieses Buch liefert Ihnen in den folgenden Kapiteln einen Überblick zum deutschen Coaching-Markt in Form von Zahlen und Fakten für den Aufbau des eigenen Coaching-Business. Diese Daten bilden die Grundlage für eine erfolgreiche Positionierung. Dazu brauchen Sie Wissen über den Markt, in dem Sie sich positionieren wollen, eine Geschäftsidee und einen Business-Plan, der Ihr Vorhaben zusammenfasst. Wie so ein Business-Plan aussehen kann, muss hier nicht im Detail erläutert werden, da dazu erfreulich viel Material im Internet inklusive Dokumentenvorlagen vorhanden ist. Wir betrachten aber zentrale Themen beziehungsweise spezifische Bereiche eines solchen Business-Plans und stellen ein solides Fundament in Form von Zahlen, Daten und Fakten zur Verfügung, welches weder in den Anleitungen zum Schreiben eines Business-Plans noch in den üblichen Marketing-Büchern für Coachs und Trainer zu finden ist.

Daten aus 20 Jahren Coaching-Umfrage Deutschland

Wir nutzen im Wesentlichen die Daten der Coaching-Umfrage Deutschland, die seit nunmehr 20 Jahren (2002–2022) genau diese Daten und Fakten zum deutschen Coaching-Markt erhebt. Diese einzigartige Langzeitstudie liefert Ihnen das Material, um sich auf dem Coaching-Markt zu orientieren, zu positionieren oder auch wesentliche Teile Ihres Business-Plans auf Grundlage empirischer Daten zu erstellen.

Der Business-Plan umfasst dabei alle Bereiche, die von Bedeutung sind, um aus einer Idee ein wirklich funktionierendes Geschäft zu machen. Dabei hängen die einzelnen Bestandteile des Business-Plans eng miteinander zusammen. Man kann zum Beispiel nicht über den Markt nachdenken, in dem man sich positionieren will, ohne gleichzeitig über die Zielgruppe für das Angebot oder die eigenen Qualifikationen und Erfahrungen nachzudenken, mit der man seine Zielgruppe überzeugen möchte. Weiß man, wie der potenzielle Markt aussieht, kann man auch seinen Wettbewerb identifizieren und seine Marketing-Strategie ausarbeiten. Das bedeutet, dass man sich erst eine Übersicht über seine Zielgruppe, den Markt, den Wettbewerb etc. machen sollte, bevor man seine Gründungsstrategie in einem Business-Plan festhält. Dieser Plan dient nicht nur dazu, ggf. Gelder zur Startfinanzierung zu beantragen, sondern vor allem auch dazu, gezielt und systematisch die eigene Selbstständigkeit aufzubauen und die eigenen Ziele konsequent zu verfolgen. Die Daten in den folgenden Kapiteln helfen Ihnen dabei, sich über wesentliche Teile des Business-Plans klar zu werden. Rechtliche und finanzielle Fragen, die ebenfalls für eine Existenzgründung von zentraler Bedeutung sind, werden nicht durch die Daten der Coaching-Umfrage abgedeckt und daher an dieser Stelle auch nicht betrachtet. Hier geht es um das vertiefte Verständnis des Marktes, in dem Sie sich als Coach bewegen werden.

Ein typischer Business-Plan umfasst folgende Themen:

1. Die Geschäftsidee

Coaching kann immer nur Teil der Geschäftsidee sein

Die Geschäftsidee zu einer Existenzgründung im Bereich Coaching scheint erst einmal einfach: Menschen durch Coaching in ihrem beruflichen und persönlichen Wachstum sowie ihrer individuellen Zielerreichung zu unterstützen. Fertig! Oder? Wir schauen uns im Kapitel 3 (siehe S. 51) den Coaching-Markt einmal genauer an und werden feststellen, dass eine solche Geschäftsidee nicht ausreichen wird, um nachhaltig eine Selbstständigkeit als Coach aufzubauen. Coaching macht immer nur einen Teil einer erfolgreichen Selbstständigkeit aus. Daher muss die Geschäftsidee umfangreicher sein, als Coaching für eine bestimmte Zielgruppe anzubieten. Natürlich wird die Geschäftsidee durch einen Fokus auf bestimmte Themen oder Coaching-Formate weiter geschärft. Dennoch zeigt uns die Datenlage aus Kapitel 3, dass wir unser Angebot breiter aufstellen sollten. Und damit wären wir auch schon bei drei weiteren Aspekten, die mit der Geschäftsidee verbunden sind: Unser **Angebot**, mit dem wir uns auf dem Markt positionieren wollen, und der **Nutzen**, den dieses Angebot für unsere **Zielgruppe** erbringen soll.

Am Ende des Buchs sollten Sie die Frage nach Ihrer Geschäftsidee ohne Zögern und in ein bis zwei Sätzen formulieren können.

2. Die Gründer:innen und deren Geschäftspartner:innen

Am Anfang steht die Entscheidung, ob man sich selbstständig machen will oder nicht – oder ob man vielleicht nur „ein wenig" selbstständig sein möchte (Teil-Selbstständigkeit). Das hat vor allem etwas mit der eigenen Persönlichkeit und auch mit der Situation zu tun, in der man sich aktuell befindet. Zu Ihrer Persönlichkeit und Ihrer persönlichen

Situation kann die Coaching-Umfrage keine Daten liefern. An dieser Stelle gilt es zunächst einmal, sich offen und schonungslos mit sich selbst zu beschäftigen:

Fragen zur eigenen Motivation, sich selbstständig zu machen

- Woher kommt Ihr Wunsch nach Selbstständigkeit? Ist es eher eine „Weg von"-Motivation oder vielmehr eine „Hin zu"-Motivation?
- Wie wichtig ist Ihnen die finanzielle Sicherheit? Wie hoch sind Ihre Rücklagen?
- Wie stark ist Ihre Einsatzbereitschaft für das eigene Geschäft?
- Wie gut können Sie mit Rückschlägen umgehen? Wie offen sind Sie für Hilfe von Dritten?
- Wie sehr liegt Ihnen das Zugehen auf Menschen, um sie vom eigenen Angebot zu überzeugen? Wie gut sind Ihre dunklen Flecken ausgeleuchtet (z.B. durch 360-Grad-Feedbacks oder Persönlichkeitsverfahren)?

Eigene Werte

Neben der Persönlichkeit ist es auch sehr von Nutzen, sich über seine eigenen Werte im Klaren zu werden: Welche Werte werden durch die Selbstständigkeit gefördert (z.B. Unabhängigkeit) und welche Werte sind unter Umständen schwieriger zu leben (z.B. soziale Eingebundenheit bei einer Einzelselbstständigkeit)? Eng verbunden mit den eigenen Werten und der Persönlichkeit sind Kontextvariablen, die die eigene Effizienz und Motivation beeinflussen, wie zum Beispiel die Arbeit im Team oder das eher eigenständige Arbeiten, Reisetätigkeiten, räumliche Arbeitsbedingungen sowie die Eigenarten potenzieller Kunden und Geschäftspartnerinnen.

Berufs- und Qualifikationsbiografie erstellen

Wenn man sich im Bereich Coaching selbstständig machen will, ist man ggf. schon auf die Idee gekommen, sich über diese Fragen mithilfe eines Coachs klar zu werden. Auf jeden Fall sollte man sich im Dialog mit einer anderen Person über diese und ähnliche Fragen Gedanken machen, damit man die notwendige Außenperspektive erhält und sich beim Nachdenken über sich selbst nicht im Kreis bewegt. Neben dem Blick auf die Persönlichkeit gilt es auch, die Qualifikationen und Erfahrungen darzustellen, die einen für eine Existenzgründung im Bereich Coaching befähigen. Dieser Bereich ist gut durch eine Berufs- und Qualifikationsbiografie abzudecken.

Auf der folgenden Seite finden Sie eine Vorlage (diese und alle weiteren Tabellen stehen als Download – erkenntlich an diesem Symbol: – zur Verfügung), die zur Bilanzierung der eigenen Qualifikationen und Erfahrungen dienen kann:

Listen Sie auf, welche beruflichen Stationen Sie bisher durchlaufen haben, welche Fähigkeiten dort besonders zum Einsatz kamen und welche Belege Sie dafür anführen können:

Zeitraum	Funktionsbeschreibung	Fähigkeiten / Stärken	Belege

Abb. 2.1: Reflexion über berufliche Stationen und Fähigkeiten

Die Reflexion über die eigene Persönlichkeit, die eigenen Werte (s. Kap. 4.4. Die Einzigartigkeit als Coach, S. 84) sowie berufliche Erfahrungen und Qualifikationen münden dann in eine Übersicht eigener Kompetenzen:

Methodische Kompetenzen

Methodische Kenntnisse, Fertigkeiten und Fähigkeiten, die die Bewältigung von Aufgaben und Problemen ermöglichen sowie die Zielerreichung unterstützen

1 = rudimentär, 5 = ausgeprägte Stärke

Kompetenzen	1	2	3	4	5	Belege
Anforderungen formulieren						
Delegation						
Flexibilität						
Innovationsfreude						
Zeitmanagement						
Selbstmanagement						
Ziel- und Ergebnisorientierung						
Arbeitsorganisation						

Priorisierung	■	■	■	■	■	
Entscheidungsfähigkeit	■	■	■	■	■	
Präsentationsfähigkeit	■	■	■	■	■	
Problemlösefähigkeit	■	■	■	■	■	
Planvolles Vorgehen	■	■	■	■	■	
Zahlenorientierung	■	■	■	■	■	
Umgang mit Komplexität	■	■	■	■	■	
Pragmatisches Handeln	■	■	■	■	■	
Strategisches Handeln	■	■	■	■	■	
Multitasking	■	■	■	■	■	
...	■	■	■	■	■	
...	■	■	■	■	■	

Soziale Kompetenzen

Kenntnisse, Fertigkeiten und Fähigkeiten, die es einem ermöglichen, in Beziehungen mit Menschen situationsgerecht zu handeln

1 = rudimentär, 5 = ausgeprägte Stärke

Kompetenzen	1	2	3	4	5	Belege
Offenheit	■	■	■	■	■	
Begeisterungsfähigkeit	■	■	■	■	■	
Empathie	■	■	■	■	■	
Verantwortungsvolles Handeln	■	■	■	■	■	
Kooperationsfähigkeit	■	■	■	■	■	
Aktives Zuhören	■	■	■	■	■	
Wertschätzung anderer	■	■	■	■	■	
Interesse an Menschen	■	■	■	■	■	
Konfliktlösung	■	■	■	■	■	
Lösungsorientierung	■	■	■	■	■	

Selbstreflexion	■	■	■	■	■	
Eigenmotivation	■	■	■	■	■	
Teamorientierung	■	■	■	■	■	
Zuverlässigkeit	■	■	■	■	■	
Interkulturelle Kompetenzen	■	■	■	■	■	
Networking	■	■	■	■	■	
...	■	■	■	■	■	
...	■	■	■	■	■	

Persönliche Kompetenzen

Persönlichkeitsmerkmale, die im Arbeitsumfeld wichtig sind

1 = rudimentär, 5 = ausgeprägte Stärke

Kompetenzen	1	2	3	4	5	Belege
Ausdauernd	■	■	■	■	■	
Authentisch	■	■	■	■	■	
Charismatisch	■	■	■	■	■	
Werteorientiert	■	■	■	■	■	
Selbstkritisch	■	■	■	■	■	
Intuitiv	■	■	■	■	■	
Analytisch	■	■	■	■	■	
Initiativ	■	■	■	■	■	
Kreativ	■	■	■	■	■	
Selbstbewusst	■	■	■	■	■	
Selbstreflektierend	■	■	■	■	■	
Humorvoll	■	■	■	■	■	
Durchsetzungsstark	■	■	■	■	■	
Beziehungsorientiert	■	■	■	■	■	
Faktenorientiert	■	■	■	■	■	

Proaktiv	■ ■ ■ ■ ■	
Zurückhaltend	■ ■ ■ ■ ■	
...	■ ■ ■ ■ ■	
...	■ ■ ■ ■ ■	

Funktionale Kompetenzen

Ausbildung, spezifische Erfahrung und Fortbildung in Bezug auf das eigene Fachgebiet

1 = rudimentär, 5 = ausgeprägte Stärke

Kompetenzen	1	2	3	4	5	Belege
Länge der Berufserfahrung	■	■	■	■	■	
Breite der Berufserfahrung	■	■	■	■	■	
Konzeptionelles Denken	■	■	■	■	■	
Strategisches Denken	■	■	■	■	■	
Praktische Erfahrung mit diversen Herausforderungen meines Berufsfeldes	■	■	■	■	■	
Relevante Fachkenntnisse und Ausbildungen	■	■	■	■	■	
Relevante regulatorische Kenntnisse (Gesetze, Normen, Richtlinien etc.)	■	■	■	■	■	
Besondere Kenntnisse auf dem Gebiet der ...	■	■	■	■	■	
...	■	■	■	■	■	
...	■	■	■	■	■	

Abb. 2.2: Übersicht eigener Kompetenzen

Diese Daten über sich selbst finden Sie nicht in der Coaching-Umfrage Deutschland, sondern nur in Auseinandersetzung mit der eigenen Person, Persönlichkeit und Biografie. Eine Quintessenz dieser Daten (und nicht etwa alle Details Ihrer Reflexion) ist dann mit Blick auf den Business-Plan und die anstehende Existenzgründung festzuhalten. Tauchen dabei Lücken in Bezug auf wesentliche Qualifikationen oder notwenige Erfahrungen auf, gilt es, diese Lücken mit passenden Partnern zu schließen.

3. Die Kunden

Kunden warten nicht auf einen zusätzlichen Coach

Die Kunden und deren Bedürfnisse stehen natürlich im Zentrum unserer Überlegungen. Was brauchen unsere Kunden und wie können wir ihnen behilflich sein? Dazu liefert das Kapitel 6 einiges an Daten, die für die eigene Positionierung genutzt werden können. Gleichzeitig gilt aber auch hier, dass man seine eigenen Kunden finden muss. Es reicht nicht, die Kunden des Coaching-Marktes zu kennen. Es ist auch nicht so, dass Kundengruppen auf einen zusätzlichen Coach warten. Vielmehr ist es so, dass Sie durch Ihr Angebot Ihre Zielgruppe und damit Ihre Kunden schaffen. Es ist fast schon ein dialektischer Prozess der Erkundung von Kundenbedürfnissen und der darauf aufbauenden Gestaltung des Angebots und dem Darstellen eines Angebots, welches erst Ihre Kundengruppe erschafft. Überlegen Sie einmal: Kein Mensch hat das iPhone vermisst, bevor es den Markt eroberte ... Wichtig ist, dass Sie einen Bezug zu Ihren potenziellen Kunden haben und mit Ihrem Angebot eine Verbindung zu Ihrer Zielgruppe schaffen können.

4. Der Markt und die Wettbewerber

Der Markt und die Coachs im Markt sind das Kerngebiet der Coaching-Umfrage Deutschland. Daher werden Sie gleich in mehreren Kapiteln dieses Buchs (Kap. 3-6) die Zahlen und Fakten finden, die Sie für die eigene Positionierung brauchen. Hier schon einige erste Fragen:

- Wie groß ist der Coaching-Markt?
- Wie sieht der Wettbewerb aus?
- Was zeichnet den Wettbewerb aus – von der Qualifikation, über die Honorare bis hin zu Spezialisierungen?
- Welche Themen interessieren die Kunden?
- Wer bezahlt das Coaching?

Den Markt zu kennen, ist von zentraler Bedeutung, damit Sie Ihr Marktsegment bestimmen können. Je spitzer Ihr Angebot formuliert ist, je klarer Ihre Zielgruppe, desto weniger Wettbewerb werden Sie vorfinden. Wenn Sie Coaching für alle Menschen anbieten, werden Sie nahezu unzählige Mitbewerber haben, mit denen Sie sich den Markt teilen müssen. Bieten Sie Coaching für Berufstätige im Kreativbereich

Entscheidend: die richtige Größe des Marktsegments

an, so werden es schon weniger. Bieten Sie Coaching für freie Texter:innen im Bereich der politischen Bildung an, haben Sie vielleicht ein ganzes Marktsegment für sich allein. Dass dabei Ihr Markt nicht gleichzeitig zu klein wird, ist Teil der Positionierungsentscheidung, die Sie für Ihre Selbstständigkeit treffen müssen und zu der wir die zahlenbasierten Überlegungen anbieten.

5. Das Marketing und der Vertrieb

Was funktioniert wirklich im Marketing?

Marketing und Vertrieb sind in aller Regel keine Lieblingsthemen von Coachs. Gleichzeitig ist das Thema von großer Bedeutung für den finanziellen Erfolg. Wir haben dem Marketing von Coachs das ganze Kapitel 6 (siehe S. 113) gewidmet. Dort werden wir uns ansehen, was Coachs wirklich im Bereich Marketing unternehmen und was für sie funktioniert. Jenseits von allgemeinen Ratschlägen (z.B.: „Du musst in den sozialen Medien aktiv sein!") schauen wir uns die tatsächlichen Zahlen und Erfahrungen von Coachs an. Was funktioniert wirklich? Wie viel Geld wird für Marketing ausgegeben? Was bringt neue Kunden? Auf Grundlage dieser Erkenntnisse können Sie zu Ihrer eigenen Marketing-Strategie kommen, die dann in Ihrem Business-Plan beschrieben werden kann.

6. Das Unternehmen, die Organisationsform und die Finanzen

Die Fragen nach der Organisationsform, der Rechtsform und den relevanten Rechtsvorschriften stellt sich bei jeder Gründung. Die meisten Coachs sind als Freiberufler am Markt aktiv, sodass hier nicht zu viele Regularien zu beachten sind. Dennoch sollte jede Existenzgründung durch eine rechtliche Gründungsberatung und Steuerberatung begleitet werden. Hier gibt es – oftmals kostenfreie – Angebote der IHK, der Bundesagentur für Arbeit sowie des Existenzgründungsportals des Bundesministeriums für Wirtschaft und Energie (BMWi). Gerade das BMWi stellt auf seiner Website viele hilfreiche Checklisten zu allen Aspekten der Unternehmensgründung zur Verfügung (z.B. Checklisten zum Business-Plan, Kapitalbedarf, Rechtsformen, Allgemeine Geschäftsbedingungen).

Von entscheidender Bedeutung ist selbstredend das Thema der Finanzen. Einige grundsätzliche Fragen hierzu:

- Wie hoch sind Ihre Rücklagen?
- Welche Ertragsquellen haben Sie zur Verfügung?

- Was erwarten Sie für einen Umsatz in den ersten drei Jahren?
- Welche Kosten kommen auf Sie zu?
- Wie hoch sind Ihre Lebenshaltungskosten?
- Welche Versicherungen muss man als Freiberufler abschließen?
- Was ist der komplette Kapitalbedarf für die Gründung und die ersten drei Jahre und wie werden Sie diesen finanzieren?
- Gibt es für diese Finanzierung Fördermittel?
- Wie viel von den eigenen Rücklagen können Sie in die Gründung investieren?

So wichtig diese Themen für eine Existenzgründung sind, so wenig liefert die Marktbetrachtung an dieser Stelle Zahlen und Fakten. Daher kann nur empfohlen werden, am Anfang der Selbstständigkeit eine Gründungsberatung sowie die oben genannten Informationsquellen in Anspruch zu nehmen.

2.2 Business-Plan-Canvas

Canva ist ursprünglich eine Software (canva.com) für die Erstellung von visuellen Inhalten, die ein Thema darstellen und strukturieren sollen. Aufgrund der starken Verbreitung hat sich für diese Art der Darstellung von Inhalten der Begriff Canvas auch unabhängig von der Software durchgesetzt. Wir nutzen diese Form der Darstellung, um Ihnen eine Möglichkeit zu geben, die eigenen Gedanken und Erkenntnisse pro Kapitel festzuhalten. Dazu finden Sie auf der rechten Seite das entsprechende Canvas (siehe Abb. 2.3, S. 41) und außerdem das entsprechende Dokument zum Download im Online-Begleitmaterial zum Buch.

<table>
<tr><th>Die Idee</th><th colspan="2">Die Gründer:innen</th><th>Der Kunde</th><th>Der Markt</th></tr>
<tr><td rowspan="3">Die Geschäftsidee</td><td>Erfahrungen</td><td>Qualifikationen</td><td rowspan="2">Beschreibung</td><td>Markt + Marktvolumen</td></tr>
<tr><td>Methodische Kompetenzen</td><td>Soziale Kompetenzen</td><td>Markt-Segment</td></tr>
<tr><td>Persönliche Kompetenzen</td><td>Funktionale Kompetenzen</td><td>Bedürfnisse</td><td>Mitbewerber</td></tr>
<tr><td>Funktionale Anforderungen</td><td>Organisationsform</td><td>Finanzen</td><td>Nutzen-Angebot</td><td>Marketing-Strategie</td></tr>
</table>

Abb. 2.3: Business-Plan-Canvas

Literatur & Quellen

- BfA (o. J.). Existenzgründung und Gründungszuschuss. https://www.arbeitsagentur.de/arbeitslosengeld/existenzgruendung-gruendungszuschuss.
- BMWi (o. J.). Existenzgründung – Motor für Wachstum und Wettbewerb. https://www.bmwi.de/Redaktion/DE/Dossier/existenzgruendung.html.
- DIHK (o. J.). Gründungsberatung. https://www.dihk.de/de/suche?typeahead=Gr%C3%BCndungsberatung.

2.3 Von der Idee zum Geschäft
– und wie man sich auf dem Markt etabliert

Panel-Diskussion – Langjährige Coachs berichten über ihre Erfahrungen

■ *Was war Eure initiale Idee, Coach zu werden?*

Christine Moscho: Ich habe über zehn Jahre als klassische Unternehmensberaterin gearbeitet und mich ließ die Frage nie los: Wie kann ich Führungskräfte und Teams darin unterstützen, authentisch aus ihrer eigenen Energie heraus zu arbeiten? Rückblickend würde ich sagen, dass ich bereits damals mit unseren Kunden parallel zur Optimierung von Marketing- und Vertriebsstrategien Team-Entwicklung und Führungskräfte-Coaching gemacht habe. Doch ohne diese Bezeichnung. Eine Schlüsselszene war sicher folgende: Als mich der Geschäftsführer eines Unternehmens fragte, welche Schulnote ich Teammitgliedern eines neuen Projekts geben würde, wurde mir besonders deutlich, dass ich dies so nicht beantworten wollte. Es ging mir darum, mit den Stärken der einzelnen Teammitglieder das optimale Ergebnis für jeden Einzelnen und für das Unternehmen zu erzielen. Ab diesem Punkt begann für mich ein Prozess aus der angestellten Beratertätigkeit in die Selbstständigkeit als Coach und Trainerin für Führungskräfte und ihre Teams.

„Mir wurde klar, ich brauche mehr ‚Menschmenschen' im Betrieb"

Peter Koshorst: Ich tue mich etwas schwer mit dieser Abgrenzung. Denn ich habe schon als Jugendlicher im Sport Ähnliches getan wie heute: Ich war da, wenn es um das Menschliche ging. Wenn die Frage war, wie sich Teams gut zusammenfinden, wie sie Konflikte klären können. Als ich dann sehr früh, mit 20 Jahren, meine erste Firma gründete, habe ich Ähnliches während meiner Arbeitszeit gemacht. Mit wurde nämlich klar, ich brauche mehr ‚Menschmenschen' im Betrieb. Deshalb habe ich dann meine erste Beratungsausbildung gemacht. Ich hatte schon immer ein großes Interesse an Psychologie. Aber erst so mit Ende 20 habe ich Coach dann als Berufsbezeichnung genutzt und auch eine weitere, spezifische Ausbildung gemacht.

Silvia Richter-Kaupp: Bei mir war das ein mehrjähriger Findungsprozess, der in den 1990er-Jahren begann. Ich war da Mitte, Ende zwanzig und Personalleiterin eines großen amerikanischen Konzerns. Und zunehmend unglücklicher in diesem Job. Nach einem mehrjährigen Reflexionsprozess wusste ich: Ich will Sparringspartnerin werden für Menschen in richtungsweisenden Funktionen. Coaching war damals noch kaum bekannt in Deutschland. Was mich ziemlich verunsichert hat. Aber ich bin trotzdem meinem Herzen gefolgt. Und sehr froh darüber, denn Coaching ist einfach voll und ganz mein „Ding".

„Ich will Sparringspartnerin werden für Menschen in richtungsweisenden Funktionen"

Andrew Bunting: Ich war lange Manager in einem großen IT-Konzern. Als unser Sohn geboren wurde, bin ich in Elternzeit gegangen. Und als der so aus dem Gröbsten raus war, habe ich mir gedacht, ich könnte noch etwas nebenbei machen, was sich auch gut im Lebenslauf darstellen ließe. Deshalb begann ich eine Coaching-Ausbildung. Es wurde dann doch schnell mehr als nur eine Weiterbildung. Ich habe ernsthaft überlegt, wie ich auf der Basis meiner langjährigen Management-Praxis und meines Sportenthusiasmus tatsächlich etwas als Coach anbieten könnte. Was das genau sein könnte, war mir vor acht Jahren noch nicht klar und ist es heute auch noch nicht ganz, aber es hat sich ständig weiterentwickelt.

Robert Wegener: Wenn ich zurückblicke, wollte ich ursprünglich, und das ist lange her, mal Psychotherapeut werden. Das wurde ich aber nicht (lacht). Und irgendwann habe ich dann gemerkt, Coaching könnte die zweitbeste Möglichkeit für mich sein. Wobei ich vor 15 Jahren, als ich damals an der Hochschule gelandet bin, auch noch nicht so genau wusste, was das sein sollte. Ich habe dann einen Coaching-Kurs gemacht und mich an praktischen Fällen versucht. So entstand diese Idee, Menschen in ihren seelischen Prozessen und in der Entfaltung ihrer Potenziale zu begleiten und zu unterstützen. Menschen also zu helfen, ihren Lebensweg zu finden, der mit ihnen im Einklang steht und wertvoll ist, das ist mir ein Anliegen. Und damit aber gleichzeitig auch einen wertvollen Beitrag an unsere Gesellschaft leisten. Wenn es zu therapeutisch – sprich: pathologisch – wird, ist es nicht mehr meins. Ich glaube, es ist ganz gut so, dass ich mit Psychotherapie abgeschlossen habe.

■ *Ich erkenne viele Gemeinsamkeiten: heraus aus dem Daily Business, Menschen und deren Potenzial in den Fokus nehmen, neue Möglichkeiten eröffnen. Jetzt muss aus einer solchen Idee aber ein Geschäft werden, wenn es kein Hobby bleiben soll. Wie habt Ihr das gemacht?*

„Für mich ist es Leidenschaft, die ökonomisch tragfähig wurde"

Robert Wegener: Ich musste gar nichts. Es war eine Art Luxus ohne wirklichen ökonomischen Druck, eher eine Liebesbeziehung. Nun mache ich das schon gut zehn Jahre und habe bislang überhaupt kein Marketing gemacht, außer meine Website. Aber der Umsatz stimmt. Und ich habe nur Kunden, die über Empfehlungen an mich gekommen sind. Und ich möchte auch nur die und keine anderen haben. Für mich ist es Leidenschaft, die ökonomisch tragfähig wurde. Klar, ich könnte mehr Marketing machen, meinen USP schärfen, mich inszenieren, aber genau da wird es für mich schon wieder schwierig. Will ich überhaupt mehr Coachings machen?

Christine Moscho: Du sprichst mir aus der Seele, Robert. Ich habe früher immer mal wieder gedacht, jetzt muss ich etwas tun, Kaltakquise machen oder so. Dann habe ich das gemacht, was man wohl so macht – Bücher gelesen, Tutorials angesehen. Und potenzielle Kunden mutig angerufen. Doch das funktionierte nicht so, wie ich mir das vorgestellt hatte. Ich habe dann zusätzlich visualisiert, dass sich interessierte Kunden bei mir melden. Und nach und nach hat so das Telefon geklingelt. Kunden riefen an, Verbandskolleginnen und -kollegen oder frühere Geschäftspartner, die wussten, dass ich mich selbstständig gemacht hatte. Ich wurde weiterempfohlen. Mein Geschäft ist so organisch gewachsen.

„Ich habe alles gecoacht, was nicht weggelaufen ist, zu jedem Thema ..."

Peter Koshorst: Ich kenne wenige Coachs, die es so gemacht haben wie ich: Ich musste eine hoch spezialisierte Firma zumachen, weil sich die Rahmenbedingungen geändert hatten. Und ich habe dann eine Coaching-Firma gegründet, quasi auf der grünen Wiese. Ich bin von null gestartet. Ich habe alles gecoacht, was nicht weggelaufen ist, zu jedem Thema – das war nicht ein Bauchladen, das waren mehrere. Ich hatte immer 26 oder mehr Eisen im Feuer. Und dann habe ich gewartet, dass ein Feuer so viel Aufmerksamkeit auf sich gezogen hat, dass ich die anderen vernachlässigen konnte. Das hat ganz gut funktioniert, mein Geschäft ist auch organisch gewachsen. Ich konnte weder Vertrieb, noch war Kaltakquise für mich diskutabel.

Andrew Bunting: Bei mir war es ähnlich wie bei Dir, Peter. Ich habe auch umgesattelt. Aber ich hatte keinen Druck. Ich konnte das allmählich aufbauen. Ich habe derzeit auch nicht Lust auf mehrere Standbeine. Deshalb pendele ich aber auch um die schwarze Null herum. Doch es passt für mich.

Silvia Richter-Kaupp: Die ersten sieben, acht Jahre war es bei mir sehr schwer. Das waren die 1990er- und 2000er-Jahre, Coaching war noch nicht so bekannt. Ich habe kaum Geld verdient, zugleich aber viel Geld für Aus- und Weiterbildungen ausgegeben. Dann bin ich auch noch schwer chronisch krank geworden. Ich konnte nur unter großen Schmerzen und Einschränkungen arbeiten. Wenn ich keine Rücklagen gehabt hätte, wäre das phasenweise ganz schön eng geworden. Ich habe viele Jahre, teilweise spendenbasiert, teilweise bezahlt, Karriere- und Konflikt-Coachings und Trainings in Gewaltfreier Kommunikation angeboten. Das lag als ehemalige Personalleiterin und Mediatorin auf der Hand. Einmal habe ich zusätzlich zum Coachen aus der Not heraus einen Auftrag angenommen, den ich mein Lebtag lang nicht vergessen werde: Ich habe Gebühreneinzieher für die GEZ rekrutiert.

„Ich habe kaum Geld verdient, zugleich aber viel Geld für Aus- und Weiterbildungen ausgegeben"

Ich habe oft gezweifelt und manchmal war ich auch verzweifelt. Doch als ich drüber reflektiert habe, wurde mir klar, ich habe gar keine Wahl. Mein Herz sagt mir: Du musst das machen! Heute bin ich froh, dass ich, wie die Fußballfans sagen, am Ball geblieben bin, so schwer es auch manchmal war. Ein Meilenstein war, als ich von einem mittelständischen Unternehmer angesprochen wurde, ihm dabei zu helfen, ein wertschätzendes Miteinander in seinem Unternehmen zu etablieren. Ich hatte seiner Frau geholfen, einen großen beruflichen Konflikt zu lösen. Ich glaube, das hatte ihn beeindruckt. Peu à peu ist es dann bergauf gegangen und organisch gewachsen, weil man mich dankenswerterweise häufig weiterempfohlen hat.

■ *Was würdet Ihr Anfängern im Coach-Business raten?*

Christine Moscho: Es braucht seine Zeit. Acht bis neun Jahre, von denen Silvia berichtet, klingen lang, ich finde aber, das ist nicht zu hoch gegriffen. Man sollte auf jeden Fall dranbleiben. Und nach Möglichkeit zweigleisig fahren: Neben dem Coaching noch einer anderen Arbeit nachgehen, beispielsweise in der Profession, aus der man kommt. Wenn ich an meine Coach-Ausbildungszeit zurückdenke: Es gibt auch Kollegen, die resigniert haben und wieder in eine Festanstellung zurückgegangen sind. Man braucht nicht enttäuscht sein, wenn man nach zwei Jahren Freiberuflichkeit als Coach nicht die Mega-Umsätze hat. Das ist erst der Anfang.

„Es braucht seine Zeit. Acht bis neun Jahre klingen lang, aber das ist nicht zu hoch gegriffen"

Silvia Richter-Kaupp: Ich kann da sehr gut andocken, Christine. Ich habe manchmal den Eindruck, dass die Newbees, wie wir die Neulinge nennen, ganz stark verinnerlicht haben, dass es superwichtig ist, auf

Social Media omnipräsent zu sein. Die posten jeden Tag irgendetwas – Hauptsache, sie sind „on". Es wäre doch besser, sich zunächst einmal klar darüber zu werden, für was man eigentlich stehen will, was das Herzensanliegen ist, das man in die Welt bringen will. Und dann genau das den Leuten anzubieten, mit denen man gerne arbeiten möchte. In der Folge kann man sich darauf fokussieren, darin immer besser zu werden. Das steigert den Glauben an die eigene Wirksamkeit und das strahlt man dann auch aus. So wird man für potenzielle Kunden immer attraktiver und es erhöht sich die Wahrscheinlichkeit, immer erfolgreicher zu werden, weil sich die eigene Sicherheit auf die Klienten überträgt. Ich vermute, dieser Zusammenhang ist vielen noch nicht einmal ansatzweise bewusst.

„Es gibt eine Reihe blinder Flecken, was die Profession des Coachs betrifft"

Robert Wegener: Ich glaube, es gibt eine Reihe blinder Flecken, was die Profession des Coachs betrifft. Es ist doch recht komplex, Coach zu werden. Weil ich Kompetenz brauche, aber auch unternehmerische Fähigkeiten. Viele haben das eine oder das andere, oft beißen sich die beiden sogar. Viele Coachs wollen nicht verkaufen. Als Drittes kommt hinzu, dass der Gesellschaft in der Breite noch gar nicht klar ist, was Coaching sein kann und worin der gesellschaftliche Wert liegen kann. Da müsste noch eine Menge an Aufklärungsarbeit geleistet werden.

„Statt Energie in Social-Media-Aktivitäten zu stecken, wäre es oft sehr viel sinnvoller, mehr Coaching-Methoden zu üben"

So sage ich meinen Studierenden oft: Bleibt realistisch, fangt klein an. Startet mit einem kleinen Coaching-Standbein und nicht mit eurer Lebenserfüllung. Ob es das wird, wird sich zeigen. Auch ich sehe es eher etwas kritisch, dass sehr viel in Social Media und Website-Gestaltung investiert wird. Eine Website als Visitenkarte? Unbedingt. Über gezieltes Online-Marketing dann aber entsprechende Klienten zu generieren, vielleicht erst, wenn man schon ein schönes Stück weiter ist und vor allem voll von Coaching leben will. Statt die Energie in Social-Media-Aktivitäten zu stecken, wäre es oft sehr viel sinnvoller, mehr Coaching-Methoden zu üben und das entsprechende Handwerk auszubilden. Das spricht sich schnell rum, denn exzellente Coachs gibt es meines Erachtens noch immer nicht so viele. Es ist wie beim Pianisten: Der muss üben bis zum Umfallen, bis er wirklich gut ist.

Coaching ist auch Handwerk, da muss man nicht schon zu Beginn auf den Improvisationspreis schielen. Vor Jahren hatte ich folgendes Schlüsselerlebnis: Ich war bei Clutterbuck in der Ausbildung und nach dem ersten Seminar schickte er uns nach Hause mit dem Auftrag, Team-Coaching-Mandate zu sammeln, damit wir damit beim nächsten Mal Supervision machen können. Ich war der Einzige, der beim nächsten Mal Mandate mitgebracht hatte – und zwar gleich drei Stück. Daher meine Frage: Bieten wir in Ausbildungen auch genügend Anreize für diesen Sprung in die Praxis? Es braucht Mut dazu. Und die weniger Mutigen müssen nicht die schlechteren Coachs sein.

Silvia Richter-Kaupp: Du sprichst mir aus der Seele, Robert. Ich würde aber ergänzen, es gibt auch die Möglichkeit, Coaching auf Wechselseitigkeitsbasis zu machen. Man findet solche Angebote, aber man muss sich dafür entscheiden und erkennen, dass es wichtig ist, regelmäßig zu üben und anschließend zu reflektieren, um sich im Laufe der Zeit immer sicherer zu fühlen beim Coachen. Und dadurch dann auch immer wirksamer unterstützen zu können.

Christine Moscho: Erinnert Ihr Euch noch an Eure allerersten Erstgespräche? Bei mir hat das anderthalb Stunden gedauert und ich habe fast ausschließlich geduldig zugehört. Heute dauert so etwas 20 Minuten und ich kann konkrete Fragen stellen und Angebote machen, die potenziellen Klienten offensichtlich Sicherheit und Vertrauen geben. Ich weiß nicht, ob man eine solche Entwicklung vorwegnehmen kann: Sicherheit entsteht mit der Zeit und im Tun.

„Sicherheit entsteht mit der Zeit und im Tun"

Peter Koshorst: Ich sage meinen Ausbildungsteilnehmern: Lernt verkaufen! Verkaufen macht sofort alles klar: Ich muss mich positionieren, muss meine Mission kennen, die richtigen Worte für den Kunden finden. Das ist ein radikaler Hinweis, den ich meinen Leuten geben kann, aber auch vermutlich der beste. Dann dauert es vielleicht nicht so lange, bis das Geschäft läuft. Am Ende musst Du etwas verkaufen, wenn Du davon leben willst. Das katalysiert Prozesse. Meine Kandidaten müssen am realen Fall lernen – inklusive Honorarforderung. Das klärt ihnen ihre Wertigkeit. Und alles geht schneller.

„Am Ende musst Du etwas verkaufen, wenn Du davon leben willst. Das katalysiert Prozesse"

Andrew Bunting: Mir ist aufgefallen, dass der Klient nicht immer das kauft, was ich denke, dass ich verkaufe. Mein Rat an die Newbees wäre daher, immer die Erwartungen abzugleichen. Ansonsten unterstreiche ich, was schon gesagt wurde: langen Atem haben, viel üben und am besten ein zweites Standbein haben.

■ *Was ich heraushöre ist: Es braucht alles viel länger als gedacht, ins Geschäft zu kommen, und es braucht auch eine eigene Entwicklung im Sinne von Auseinandersetzung, Rollenfindung, Wachsen an Schwierigkeiten. Von null auf hundert in Nullkommanix funktioniert nicht.*

„Mein Eindruck ist, der Markt der Coaching-Vermarkter wächst linear zum Coaching-Markt"

Christine Moscho: Ja, das steht in der Tat diametral zum Versprechen mancher Marketing-Spezialisten: Hier wird der schnelle Erfolg via klarer Positionierung und Social Media versprochen. Mein Eindruck ist, der Markt der Coaching-Vermarkter wächst linear zum Coaching-Markt. Auf Newbees hat Werbung von Marketing-Spezialisten einen großen Einfluss.

Robert Wegener: Ich bin nicht per se gegen solche Angebote. Manche Coachs sind da tatsächlich schlecht aufgestellt. Aber vielleicht ist der Markt der Vermarkter genauso intransparent wie der der Coachs selbst. Vermutlich hat mit dem Homeoffice-Boom die One-Wo-Man-Show-Economy einen mächtigen Schub bekommen. Immer mehr organisieren ihr Geschäft selbstständig. Aber man sollte sich diese Angebote dann schon sehr genau anschauen und auch Referenzen bei Kunden einholen.

„Über Social Media verkauft man gar nicht. Man bildet Identität und zeigt Präsenz"

Peter Koshorst: Mir ist in der Corona-Zeit viel Geschäft weggebrochen. Ich dachte, kein Problem. Ich drehe Social Media auf und dann läuft das wieder. Doch dann habe ich gemerkt, das läuft eben nicht. Über Social Media verkauft man gar nicht. Man bildet Identität und zeigt Präsenz. Daher habe ich das Verkaufenwollen via Social Media wieder eingestellt. Ich verkaufe jetzt wieder so, wie ich es früher gelernt und erfolgreich gemacht habe: Ich gehe an die Menschen ran und zeige mich und meine Leistung. Danach erst beginnt der Verkauf.

Andrew Bunting: Das ist der Unterschied zwischen Werbung machen und Beziehungen pflegen.

„In der Begegnung mit meinem Klienten muss ich Mehrwert produzieren"

Robert Wegener: Verkauf mache ich, indem ich meinem Kunden extrem gut zuhöre. Wenn ich diesem in kurzer Zeit auf überzeugende Weise erklären kann, dass ich verstanden habe, was los ist, und wie ich jetzt arbeiten würde, um mit ihm für diese Problematik eine Lösung zu finden. Wenn ich das in kurzer Zeit leisten kann, habe ich noch nicht erlebt, dass jemand dann nicht mit mir arbeiten will. Das ist keine generische Marketing-Form. Sondern eine angewandte Form im Sinne von Sales: Ich zeige Dir, was Du als Bedarf hast, und zeige Dir eine Lösung dazu. Das ist kein Hexenwerk, es geht um Passung. In der Begegnung mit meinem Klienten muss ich Mehrwert produzieren – es reicht nicht, nette Gespräche zu führen. Gerade heute hatte ich ein Erstgespräch mit einer Geschäftsführung: Sie berichtete mir, wie schwer es ist, kompetente Coachs zu finden. Und dass die durch die Bank viel zu nett seien. Mehrwert produzieren heißt nicht nur, Potenzial zu entfalten, sondern auch Leistungsprozesse zu verbessern. Das ist die Crux, das muss man zusammenbringen können. Ich fürchte, viele Newcomer sind diesbezüglich etwas zu naiv.

■ *Sprechen wir also über den Markt. Wie stellt der sich für Euch dar?*

Robert Wegener: Ich glaube, wir haben viel zu wenig Coaching-Firmen. Die Psychotherapeuten leben in einer Struktur, die ihnen Patienten zuführt. Die Coachs haben das nicht, die müssen selbst für alles sorgen. Das überfordert viele. Wenn wir mehr Coaching-Firmen hätten, könnten junge Coachs, dort angestellt, Erfahrungen im Coaching sammeln. Andere würden sich mehr ums Business kümmern. Vom Markt her betrachtet wäre das sinnvoll. Ein Einzelunternehmer kann auch nicht die ganz spannenden, komplexen Mandate übernehmen, die eine Company übernehmen kann.

Peter Koshorst: Ich würde mich schon als Coaching-Agentur bezeichnen. Aber so konsequent wie Du das ausdrückst, bestärkt mich das noch mal: Ich wäre der Unternehmer, der es anderen in ihrem Spezialistentum ermöglicht, Klienten zu coachen. Wie ich den Markt wahrnehme? Als ziemlich bunten Strauß. Bunter als andere Berufe. Das ist schön anzusehen. Daher mag ich auch Verbände nicht, die alles regulieren wollen und damit ausschließen. Das finde ich albern, denn es reguliert sich selbst.

Christine Moscho: Wenn ich Euch so zuhöre, habe ich natürlich gleich an das Äquivalent der Unternehmensberatung gedacht, wo ein solches Company-Verständnis schon Jahrzehnte Usus ist. Die zweite Entwicklung, die wir aktuell sehen, sind die Digital Coaching Provider, die DCPs, die diese Vermittlung auf dem Markt übernehmen wollen. Klar, da sehen wir auch noch einige Kinderkrankheiten, aber die DCPs sind relevante Marktteilnehmer geworden.

„Die Digital Coaching Provider sind relevante Marktteilnehmer geworden"

Andrew Bunting: Und die DCPs machen vor allem viel Werbung für Coaching in Unternehmen. In den letzten Jahren ist da mehr passiert als in den Jahrzehnten zuvor. Und das hilft uns allen. Das muss man auch einmal von der Seite aus betrachten.

Das Interview führte Thomas Webers. ■

3.

Der Markt

In diesem Kapitel lesen Sie

Dieses Kapitel beleuchtet zentrale Fakten über den deutschen Coaching-Markt, seine Größe und die Konsequenzen für die Existenzgründung als Coach. Kernaussagen sind:

- Coaching ist ein kleiner Markt mit vielen Facetten.
- Coachs leben nicht vom Coaching allein.
- Coachs müssen ihren eigenen Markt bestimmen.
- Coachs müssen sich mit den Themen Digitalisierung und Digital Coaching Provider auseinandersetzen.

Die Coaching-Branche im Beratungsmarkt

3.1

Die Coaching-Branche ist auf der einen Seite ein kleiner Markt im Vergleich zum gesamten Beratungsmarkt. Auf der anderen Seite ist sie aber sehr facettenreich und hält eine Nische für alle neuen Marktteilnehmenden bereit! Für das Jahr 2021 geht der Bundesverband Deutscher Unternehmensberater (BDU, 2021) von einem Marktvolumen für Unternehmensberatungen von ca. 34,6 Mrd. Euro aus. Dabei fallen rund 44 Prozent auf die Organisations- und Prozessberatung, ca. 25 Prozent auf die Strategieberatung, noch einmal 22 Prozent auf die IT-Beratung und rund neun Prozent auf die Human-Resources-Beratung. Um den Bogen weiter zu spannen, kann man sich auch noch die direkten Kosten für die Behandlung psychischer Erkrankungen (Psychotherapie, Medikamente, Krankengeld) ansehen, die vom Statistischen Bundesamt in Deutschland für das Jahr 2015 auf über 44 Mrd. Euro beziffert werden (DPtV, 2021). Natürlich sind diese Zahlen nicht alle direkt miteinander vergleichbar und es gibt für die verschiedenen Bereiche auch eine unterschiedlich gute Datenlage. Dennoch wird schnell klar: Business-Coaching spielt mit 520 Mio. Euro Umsatz nicht wirklich in der gleichen Liga wie verwandte Beratungsbereiche – so die Marburger Coaching-Studie 2016/17 (Stephan & Rötz, 2018).

Business-Coaching spielt mit 520 Mio. Euro Umsatz nicht in der gleichen Liga wie verwandte Beratungsbereiche

Gleichwohl kann Coaching ein lukratives Geschäft für den einzelnen Coach sein. Das zeigt die große Anzahl von Coachs sowie die große Vielfalt an Coaching-Varianten, die im Markt zu finden sind. Man kann professionelles Coaching grob in nur zwei Grundarten einteilen (Bozer & Jones, 2018):

- **Workplace-Coaching** = Coaching mit dem Fokus auf arbeitsplatzbezogene Themen
- **Life-Coaching** = Coaching mit dem Fokus auf nichtarbeitsbezogene Themen

Hinter dieser groben Einteilung verbirgt sich allerdings ein ganzer „Wald“ an speziellen Varianten. So kann praktisch jede Zielgruppe und jedes Thema zu einem eigenen Fokusfeld für das Coaching werden, das relativ unabhängig vom gesamten Coaching-Markt betrachtet werden kann. Man könnte auch von unzähligen Mikro-Märkten im Bereich

Coaching sprechen. Jeder Mikro-Markt im Coaching hat seine Berechtigung, seine Zielgruppen und seine Themen. Natürlich versuchen immer wieder Vertreterinnen und Vertreter bestimmter Interessenverbände, ihr Coaching-Feld als das „echte" Coaching darzustellen, doch gibt es dafür natürlich keinerlei Legitimierung von irgendeiner übergeordneten Autorität (z.B. Gesetzgeber, allgemein anerkannter Dachverband oder Ähnliches). Betrachtet man die Coaching-Definition des weltweiten größten Coaching-Verbandes, der International Coaching Federation (ICF), so beinhaltet professionelles Coaching eine partnerschaftliche Zusammenarbeit mit Kunden in einem anregenden und kreativen Prozess, der die Kunden inspiriert, ihr persönliches und berufliches Potenzial zu maximieren.

Woher die Kunden kommen, in welchem Kontext das Coaching stattfindet und zu welchen Themen gearbeitet wird, ist dabei vollkommen offen. Von professionellem Coaching wollen wir also immer dann sprechen, wenn die Coachs über eine Coaching-Weiterbildung oder eine entsprechend äquivalente Ausbildung verfügen und gegen Honorar ihre Coaching-Leistungen anbieten.

Die eigentliche Beratungstätigkeit von Supervisoren und Coachs ist kaum zu unterscheiden

Nimmt man die oben genannte Definition als Grundlage, kann man sich leicht vorstellen, dass Coaching auch schon als Tätigkeit existierte, bevor der Begriff zur Beschreibung eines bestimmten Beratungsformats genutzt wurde (s. Kap. 1, S. 7). So gab es zum Beispiel seit Beginn des 20. Jahrhunderts die Supervision als Beratungsform zur Unterstützung von Menschen, die im psychosozialen Bereich tätig waren. Seit 1989 gibt es in Deutschland die Deutsche Gesellschaft für Supervision (DGSv), die ihren Klienten einen Reflexionsraum im Zusammenspiel von Organisation, Person, Rolle und den Anspruchsgruppen im beruflichen Umfeld bietet, um ihr persönliches und berufliches Potenzial zur Entfaltung zu bringen und die Qualität ihrer Arbeit zu sichern. Als in den späten 1990er-Jahren Coaching als vergleichbares Angebot vermehrt in deutschen Unternehmen auftauchte, wurde schnell deutlich, dass die verwendeten Methoden und konkreten Beratungstätigkeiten von Supervisoren und Coachs sehr ähnlich sind – auch wenn die Kontexte und damit die Kulturen oft unterschiedlich sind (Wirtschaft vs. psychosozialer Bereich). Natürlich waren hier die Grenzen von Anfang an fließend und vermischten sich zunehmend. Irgendwann konnte kaum noch jemand überzeugend den Unterschied zwischen einer Einzelsupervision und einem Coaching erklären, auch wenn es in der Wirtschaft praktisch nie „Supervision" gibt, sondern immer der Begriff Coaching verwendet wird. Folglich benannte sich die DGSv im Jahr 2016 in Deutsche Gesellschaft für Supervision und Coaching um. Damit entstand auf einen Schlag ein Coaching-Verband mit über 4.000 Mitgliedern, deren Weiterbildung sich über ein bis drei Jahre und damit nicht selten über 500 Stunden erstreckt, zu denen dann noch Lehrsupervisionen hinzukommen, sodass diese Weiterbildung deutlich umfassender ist als viele Coaching-Weiterbildungen andernorts. Gleichzeitig entdeckten immer mehr Unternehmensberaterinnen, Trainer und auch Psychotherapeutinnen die Attraktivität des Coachings als zusätzliches Beratungsgeschäft. Es ist also kein Wunder, dass der Coaching-Markt mit seinen unterschiedlichen Wurzeln sehr facettenreich ist.

Dass heute immer noch keine gesetzlichen Regelungen zum Coaching existieren und es keine sonstigen verbindlichen Regelungen zum Coaching gibt, führt darüber hinaus zu der aktuellen Undurchsichtigkeit des Coaching-Marktes. Es ist nicht einmal bekannt, wie viele Coachs in Deutschland tätig sind. Die Marburger Coaching-Studie von 2016/2017 schätzt (!) die Anzahl professioneller Business-Coachs in Deutschland auf 9.000. Dabei betrachtet die Studie nur Business-Coaching als Personalentwicklungsinstrument zur individuellen Beratung im beruflichen Kontext in Organisationen. Somit fallen große Bereiche des professionellen Coachings heraus, die tagtäglich mit dem Fokus auf nichtarbeitsbezogene Themen Anwendung finden oder im privaten Kontext gebucht werden, sich aber mit beruflichen Themen beschäftigen.

Geschätzt knapp 60.000 Coachs sind auf dem deutschen Coaching-Markt aktiv

Darüber hinaus wird Coaching heute selbstverständlich als ein Teil des Dienstleistungsportfolios von Trainerinnen, Moderatoren, Supervisoren, Ausbilderinnen, Therapeutinnen, Unternehmensberatungen etc. angeboten. Nimmt man allein die Mitgliederanzahl der 25 größten Coaching-Verbände Deutschlands, so kommt man bereits auf über 35.000 Coachs. Betrachtet man die Zusammensetzung der Teilnehmenden der Coaching-Umfrage Deutschland (2021/22), so sind nur ca. 60 Prozent der teilnehmenden Coachs in einem Verband organisiert. Überträgt man das Verhältnis von organisierten zu nicht verbandsmäßig organisierten Coachs auf die oben genannte Zahl der in Verbänden organisierten Coachs, kämen also noch einmal 23.300 Coachs dazu. Wir können also davon ausgehen, dass auf dem deutschen Coaching-Markt über ca. 58.300 Coachs professionell aktiv sind!

Professionell als Coach aktiv zu sein, bedeutet nicht, dass diese Coachs ausschließlich als Coach ihr Geld verdienen. Das dürfte sogar

Nur ein Drittel des Einkommens von Coachs wird durch Coaching realisiert

die absolute Ausnahme sein. Es wird ausgesprochen schwerfallen, einen bekannten deutschen Coach zu finden, der ausschließlich vom Coaching lebt. Daher verwundert es auch nicht, dass kaum ein Ergebnis der Coaching-Umfrage Deutschland so konsistent ist, wie der Anteil des Coachings am Gesamteinkommen der Coachs. Grob gesagt, wird nur rund ein Drittel des Einkommens durch Coaching realisiert. Zwei Drittel werden durch andere Tätigkeiten wie Training, Personal- und Organisationsentwicklung, andere Formen der Beratung, Ausbildung und Therapie erzielt.

Abb. 3.1: Die durchschnittliche Verteilung der Tätigkeiten von Coachs in Deutschland (2021)

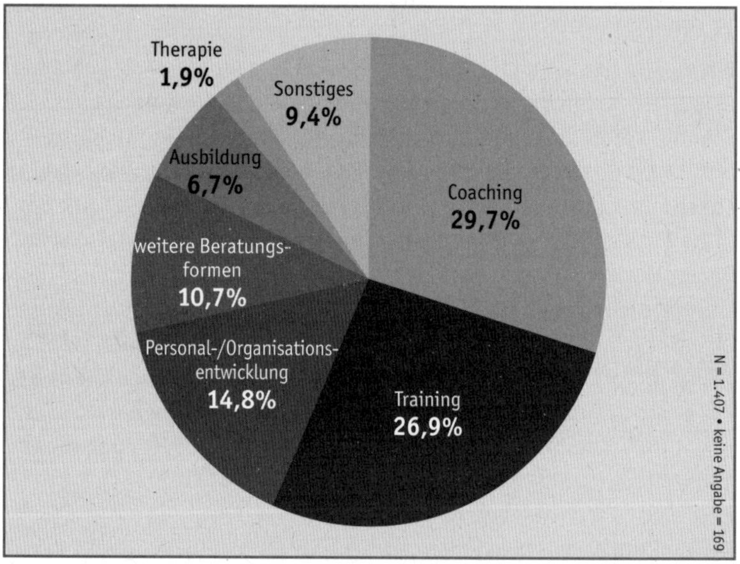

Coaching macht meist mehr Arbeit als Geld

Tatsächlich übersteigt dabei seit 2010 der Arbeitszeitanteil des Coachings regelmäßig seinen Einkommensanteil. Das bedeutet, dass Coaching mehr Arbeit als Geld macht, wenn man es mit den anderen Tätigkeiten von Coachs vergleicht. Im Jahr 2021 wird dieser Trend erstmalig gestoppt und Coaching wird geringfügig lukrativer als andere Tätigkeiten, der Einkommensanteil übersteigt also den Arbeitszeitanteil des Coachings. Zu bedenken ist aber, dass der Effekt minimal ist und dies eine Folge des Arbeitens in der Pandemie sein könnte, da Coachings einfacher online zu realisieren sind als Trainings oder Workshop-Moderationen. Daher gilt es insgesamt festzuhalten, dass der Coach nicht vom Coaching lebt und es im Durchschnitt nur etwa ein Drittel der Jahresarbeitszeit und des Einkommens ausmacht (s. Abb. 3.1).

3.1.1 Von welchem Markt sprechen wir?

Auffallend ist, dass es neben dem Coaching kein klar dominierendes Tätigkeitsfeld der Coachs gibt, sondern eher eine breite Streuung weiterer Tätigkeiten beobachtbar ist. Das wird auch dadurch unterstrichen, dass die beiden Sammelkategorien (weitere Beratungsformen und Sonstiges) jeweils mit elf beziehungsweise mit neun Prozent vertreten sind. Fragt man also nach dem Volumen des Coaching-Marktes, so mag die Frage vielleicht von akademischem Interesse sein, aber praktisch geht es zunächst darum, zu klären, in welchem Marktsegment man sich als Coach positionieren möchte, wenn Coaching nur ein Teilbereich der professionellen Tätigkeit ist. Das heißt: Zunächst muss man den eigenen Markt definieren. Dabei steht nicht die Spezialisierung als Coach im Vordergrund, sondern die Frage, in welchem Markt man tätig sein will, in dem dann Coaching ein Teilbereich des Angebots ist. Der deutsche Markt für Therapeut:innen, die auch Coaching anbieten, ist also über 44 Mrd. Euro groß, der Markt für Unternehmensberater:innen, die auch Coaching anbieten, ist über 34 Mrd. Euro groß.

Dass Coaching als Teil eines Beratungs- oder Trainingsangebots ein lohnendes und interessantes Geschäft ist, zeigen die Zahlen über die Berufserfahrung im Coaching. Danach verwiesen 2021 die Hälfte der

Abb. 3.2: Berufserfahrung im Coaching in Jahren (absolute Zahlen, 2021)

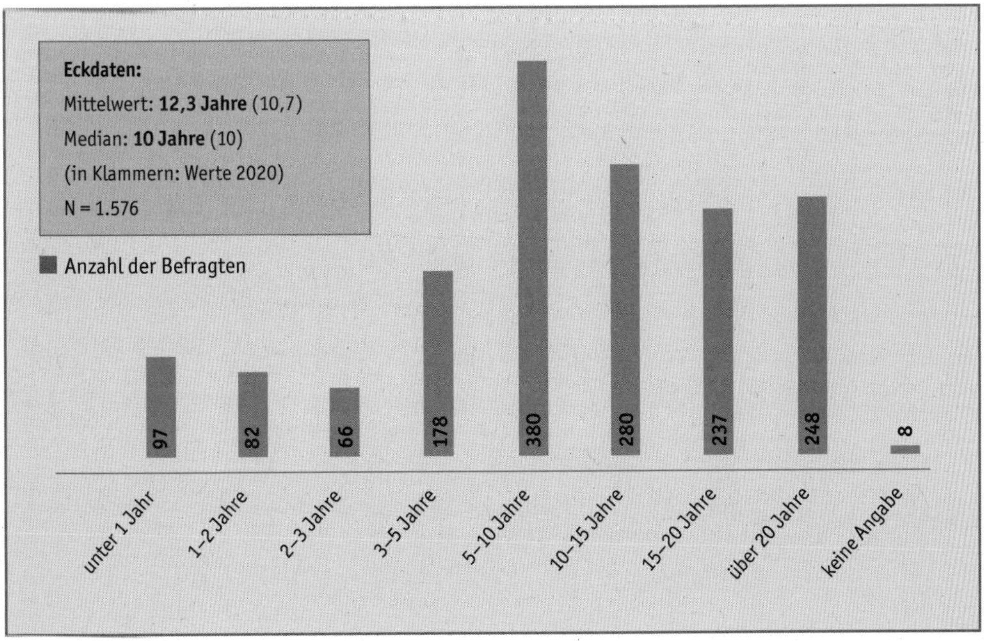

Coachs auf über zehn Jahre Berufserfahrung. Aber auch die Gruppe der Coachs, die über 15 Jahre Berufserfahrung angeben, ist recht groß. Für all diese Coachs ist Coaching also zu einem festen Bestandteil ihres Angebotsportfolios geworden (s. Abb. 3.2, S. 57).

Die Anzahl der Coaching-Prozesse pro Jahr ist erstaunlich stabil

Schaut man sich Coaching als einen Teil eines größeren Angebots an, so ist in diesem Zusammenhang auch die Anzahl der Coaching-Prozesse interessant, die im Jahr von Coachs durchgeführt werden. So kann man abschätzen, welchen Umfang Coaching im eigenen Business-Plan einnehmen soll und kann. Die durchschnittliche Anzahl der Coaching-Prozesse pro Jahr ist nämlich beeindruckend stabil über die Jahre und schwankt im Durchschnitt zwischen 21 und 28 Prozessen pro Jahr (s. Abb. 3.3). Dabei umfasst ein Coaching-Prozess im Durchschnitt um die zehn Stunden, womit wir rein rechnerisch bei 210 bis 280 Stunden Coaching im Jahr landen. Auch wenn diese Zahlen im Einzelfall deutlich über- oder auch unterschritten werden können, so haben wir einen ersten Anhaltspunkt, welchen Umfang Coaching im Durchschnitt für Beraterinnen und Berater einnimmt. Nimmt man die konkreten Zahlen für das Jahr 2021, so ergibt die durchschnittliche Anzahl der Coaching-Prozesse mit der durchschnittlichen Anzahl an

Abb. 3.3: Verteilung der Coaching-Prozesse in der Stichprobe (absolute Zahlen, 2021)

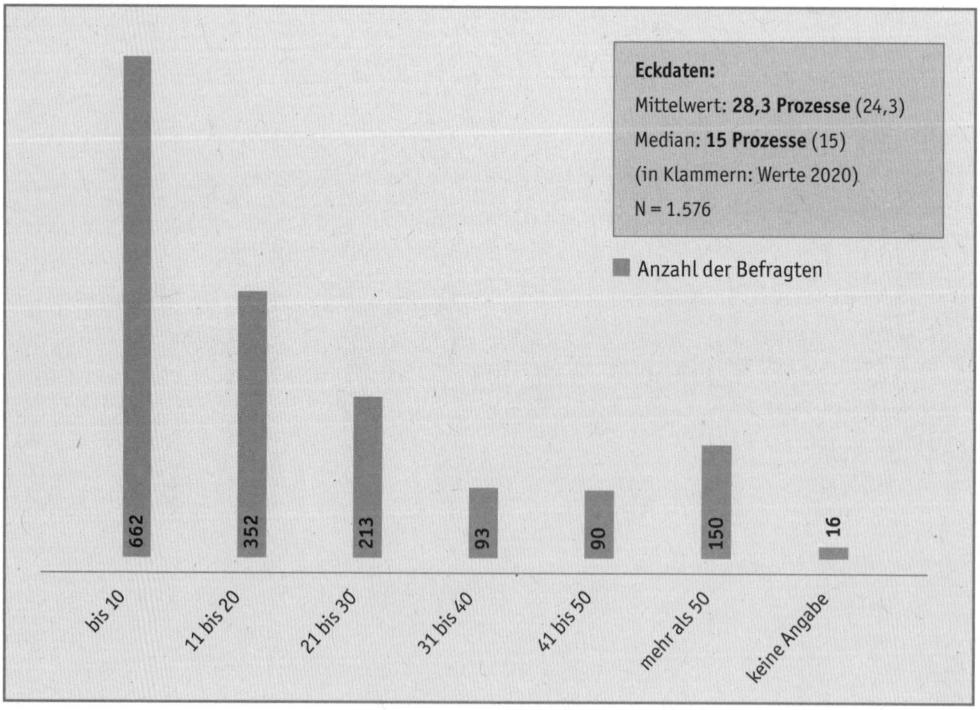

Coaching-Stunden je Prozess eine durchschnittliche Anzahl von 366 Klienten-Stunden im Jahr, was rechnerisch rund 46 Tagen entspricht. Im Vergleich zum Vorjahr – mit durchschnittlichen 256 errechneten Klienten-Stunden – ist dies ein beträchtlicher Anstieg.

Deutlich wird so aber auch, dass die restliche Zeit des Jahres mit anderen Tätigkeiten sinnvoll und lukrativ gefüllt werden muss. Gehen wir von 250 Arbeitstagen im Jahr aus, ziehen 30 Tage Urlaub ab und multiplizieren die Summe der verbliebenen Arbeitstage mal acht Arbeitsstunden pro Tag, dann landen wir bei 1.760 Jahresarbeitsstunden. Natürlich sind viele Tätigkeiten in der Beratung nicht direkt dem Klienten in Rechnung zu stellen, sodass wir hier von 75 Prozent abrechenbarer Zeit ausgehen. Somit bleiben noch 1.320 Stunden, die wir unseren Klienten in Rechnung stellen sollten. Wir hatten gerade gesehen, dass im Jahr 2021 durchschnittlich 366 Stunden Coaching erbracht werden. Auch bei diesem Topwert an Coaching-Stunden bleibt bei der Gründung eines Coaching-Business zu fragen, was in den anderen knapp 1.000 Stunden Arbeitszeit abrechenbar geschehen soll. Das sind rein rechnerisch 125 Tage.

Was macht ein Coach die übrigen 125 Arbeitstage im Jahr?

Aufgrund dieser Zahlen verwundert es auch nicht, dass sich unter den größeren Coaching-Verbänden (> 2.000 Mitgliedern) gar keine reinen Coaching-Verbände befinden, sondern ausschließlich Verbände, die von Anfang an andere Beratungsformen als Teil ihres Tätigkeitsspektrums angesehen haben. Hier war Coaching nie als alleinige Beratungsform gedacht, sondern als ein Teil eines größeren Angebots, welches das Portfolio der Beratungs-Community sinnvoll ergänzt. Zu diesen Coaching-Verbänden zählen u.a. der Berufsverband Deutscher Psychologinnen und Psychologen (BDP), die Deutsche Gesellschaft für Systemische Therapie, Beratung und Familientherapie (DGSF), die Deutsche Gesellschaft für Supervision und Coaching (DGSv), die Systemische Gesellschaft (SG) oder die Gesellschaft für Personenzentrierte Psychotherapie und Beratung (GwG).

Dass so viele psychotherapeutische Verbände hier vertreten sind, sollte dabei nicht verwundern, da praktisch alle grundlegenden Methoden des Coachings aus dem Bereich der Psychotherapie übernommen wurden (auch wenn Coaching keine Psychotherapie ist!). Selbst im Roundtable der Coaching-Verbände (RTC) sind nur drei von sieben Mitgliedsverbänden sogenannte reine Coaching-Verbände.

3.1.2 Aktuelle Entwicklungen im Coaching-Markt

Einer der wichtigsten Impulse für das Coaching resultiert heute unbestritten aus der Digitalisierung nahezu aller Lebensbereiche. Spätestens seit dem Pandemiejahr 2020 und den damit einhergehenden Kontaktbeschränkungen konnte sich kaum ein Coach mehr dem Thema Digitalisierung entziehen. Mit der Digitalisierung haben zudem neue Akteure Zugang zum Coaching-Markt gefunden. Die ersten Digital Coaching Provider (DCP) haben sich ab dem Jahr 2016 als Start-ups gegründet und viele Diskussionen und auch Veränderungen im Bereich Coaching angestoßen. Diese DCPs sind keine klassischen Anbieter digitaler Tools, sondern digitale Plattformen, die nach US-amerikanischem Vorbild (z.B. betterup) den Bedarf an Coaching für Unternehmen und zum Teil auch für den Privatbereich abdecken wollen. Das Ziel ist es, sowohl Coaching-Dienstleistungen zu vermitteln als auch den Coaching-Prozess ganz oder teilweise durch eigene digitale Lösungen zu unterstützen. Damit stehen sie in direkter Konkurrenz zu den einzelnen Coachs, die sich ebenfalls auf diesem Markt bewegen und sich generell um die gleichen Kunden bemühen (Middendorf & Ritter, 2021). Im Detail gehen wir in Kapitel 8 auf die Digital Coaching Provider ein, da diese in Zukunft immer mehr von Bedeutung für die Profession Coaching sein werden und eine genauere Betrachtung verdienen.

Digital Coaching Provider als neue Akteure auf dem Markt

3.1.3 Wohin geht die Reise?

Wie wird die Zukunft des Coachings aussehen? Die im Frühling 2020 durchgeführte Delphi-Studie zur Zukunft des Coachings (Schermuly et al., 2021) eröffnet den Blick auf einige hochinteressante Szenarien und Trends im Jahr 2030. Womit müssen Coachs rechnen?

- **Designkompetenzen:** Coaching-Prozesse werden räumlich und zeitlich flexibel nachgefragt. Sie bilden eine Mischung aus virtuellen und realen, langen und kurzen Einheiten. Coachs müssen daher höchst flexibel und adaptiv agieren können. Wer als Coach nur ein Standardvorgehen beherrscht, beispielsweise alle 14 Tage eine Präsenzsitzung von 90 Minuten, wird es sehr schwer haben. One-fits-all war gestern.

- **Transformationsexpertise:** In der Wirtschaft werden New Work, Agilität und Selbstorganisation immer mehr zum Mainstream. Coachs werden daher weniger als Berater einer Person, sondern zunehmend als Systemexperten gefordert. Sie müssen also auch Organisationsentwicklung können und interdisziplinär anschlussfähig sein. Wer als Coach nur das „kleine Einmaleins" beherrscht, wird da nicht mehr mithalten können.

- **Spaltung des Coaching-Markts:** Die Digitalisierung allgemein, KI-Anwendungen und das erwartete Erstarken der Digital Coaching Provider (DCP) fordern das alte Geschäftsmodell – der Coach als Einzelunternehmer – heraus. Wenn immer mehr Unternehmen statt bei den Einzelunternehmern bei den DCPs einkaufen, geraten Erstere unter Druck. Erwartet wird daher eine Spaltung des Markts: hier das digitale Massenprodukt, dort die kleine, feine Premiumvariante in der Coaching-Manufaktur.

- **Akademisierung:** Die Hochschulen werden Coaching-Master-Absolventen in großer Zahl auf den Markt entlassen. Deren Ausbildung wird wissenschaftlich fundiert erfolgt sein. Das setzt die vielen privaten Ausbildungsinstitute, die in der Vergangenheit oft recht pragmatisch orientiert waren, unter Druck. Im besten Fall lassen sich Win-win-Arrangements herstellen.

- **Life-Coaching-Integration:** Die private Lebensführung wird nicht mehr strikt ausgeklammert, sondern ebenfalls bearbeitet. Sinnfragen, private Krisen, Gesundheitsfragen und Partnerschaftsprobleme – der Mensch wird als ganzheitliches Wesen verstanden und findet im Coaching seinen Platz. Alte, strikte Grenzen werden aufgeweicht. Doch klinische Fragestellungen werden nach wie vor in den klassischen psychotherapeutischen Kontext verwiesen.

Diese Szenarien und Trends für das Jahr 2030 wurden in einer über mehrere Runden laufenden Experten-Befragung herausgefiltert. Die Ergebnisse sind präziser und treffender als individuelle und Querschnittsbetrachtungen. Sie eröffnen uns den Blick auf hochwahrscheinliche Entwicklungen in den nächsten Jahren. Das ermöglicht Ihnen, sich konkret vorzubereiten, indem Sie Ihre Positionierung darauf beziehen. Es fehlt zum Verständnis allerdings das größere Bild technologischer, wirtschaftlicher und gesellschaftlicher Entwicklungen. Wir denken, dass dieses einen Mehrwert leistet, den wir Ihnen in den Kapiteln 7 (s. S. 127) und 8 (s. S. 151) eröffnen. Kommen Sie also nach der Lektüre dieser Kapitel wieder auf diesen Abschnitt zurück und präzisieren Sie Ihre Positionierung mit den neuen Erkenntnissen.

3.2 Markt-Canvas

Wie im zweiten Kapitel schon dargestellt wurde, liefert dieses Kapitel im Wesentlichen das Zahlenmaterial und Erkenntnisse, um sich auf dem Coaching-Markt zu orientieren und zu positionieren. Aufgrund der dargelegten Daten ergibt sich nunmehr zunächst die Frage für Sie: **Wie definieren Sie Ihren Markt?**

Was wollen Sie tun, wenn Sie nicht coachen?

Coaching reicht als Markt nicht aus, um sich langfristig erfolgreich selbstständig zu machen. Es wird immer nur ein Teil Ihres Angebots sein und kann daher auch immer nur ein Teil Ihrer Positionierung in einem größeren Markt sein. Daher gilt es zu definieren, was genau Ihr Zielmarkt ist – oder mit anderen Worten: Was wollen Sie tun, wenn Sie nicht coachen? Wollen Sie Ihr Geld neben dem Coaching mit Beratungen, Trainings, Therapie, Ausbildungen oder anderen Aktivitäten verdienen?

Mit der Beantwortung dieser Frage definieren Sie Ihren Markt oder das Marktsegment, in dem Sie tätig werden wollen. Nutzen Sie die Erkenntnisse aus Ihrem Kompetenzprofil, um zu bestimmen, in welchem Marktsegment Sie bereits die notwendigen Grundlagen haben, um erfolgreich sein zu können. Beschreiben Sie dieses Segment so detailliert wie möglich und stellen Sie dar, welchen Umfang und welche Rolle Coaching in Ihrem Angebot für diesen speziellen Markt haben wird:

- Definieren Sie Ihren **Zielmarkt** – z.B. Training und Beratung in der Wirtschaft.
- Beschreiben Sie das **(Umsatz-)Volumen** des Zielmarktes – z.B. im Bereich der betrieblichen Weiterbildung.
- Benennen Sie das **Segment**, in dem Sie tätig werden wollen – z.B. Training, Beratung und Coaching im Bereich Change-Management von Unternehmen.
- Stellen Sie Ihre **Erfahrungen und Qualifikationen** dar, die für das gewählte Marktsegment von Bedeutung sind (s. Kap. 2 und 4: Selbstreflexion und Werte) – z.B. Manager im Unternehmen XY, Leitung von Change-Management-Projekten, Ausbildung zum Coach (fünf Jahre Coaching-Erfahrung).

- Beschreiben Sie, mit welchem **Angebotsportfolio** (Training, Beratung, Coaching etc.) Sie sich im Zielmarkt positionieren wollen – z.B. ganzheitliche Change-Management-Begleitung.
- Beschreiben Sie bekannte **Entwicklungstendenzen** im Zielmarkt und wie Sie darauf reagieren wollen – z.B. Verbindung von umfassenden Digitalisierungsprojekten und Organisationsveränderungen, die durch Change-Management-Projekte begleitet werden.

Dies sind die ersten Bausteine Ihres Business-Plans (s. Abb. 3.4). Die weiteren Kapitel liefern zusätzliche Erkenntnisse, die die Grundlage für weitere Elemente Ihres Geschäftsplans werden.

Abb. 3.4: Markt-Canvas

Der Markt		Coaching-Segment	Themen	Angebots-portfolio
Markt und Marktvolumen		Workplace-Coaching	Inhaltliche Schwerpunkte	Coaching zu ...... %
				z.B. Beratung zu ...... %
		Life-Coaching		z.B. Training zu ...... %
Wettbewerb	Kooperations-partner	Netzwerke	Zukunftsthemen/ Trends	......

Literatur & Quellen

- BDU (2021). Facts & Figures zum Beratungsmarkt 2021. Bonn: Bundesverband Deutscher Unternehmensberater. https://www.bdu.de/media/355573/facts-figures-vorjahr.pdf.
- DPtV (2021). Report Psychotherapie 2021 (2. Aufl.). Berlin: Deutsche Psychotherapeuten Vereinigung. https://www.dptv.de/fileadmin/Redaktion/Bilder_und_Dokumente/Wissensdatenbank_oeffentlich/Report_Psychotherapie/DPtV_Report_Psychotherapie_2021.pdf.
- Middendorf, J. & Ritter, M. (2021). Coaching-Branche: Zur Professionalisierung gezwungen, Organisationsberatung – Supervision – Coaching, 28(2), S. 211-224. https://doi.org/10.1007/s11613-021-00700-z.
- Roesner, M. (2021). Schon einmal in eine Künstliche Intelligenz verliebt? https://www.kaspersky.de/blog/schon-einmal-in-eine-kunstliche-intelligenz-verliebt/26207.
- Schermuly, C. C., Graßmann, C., Ackermann, S. & Wegener, R. (2021). The future of workplace coaching – an explorative Delphi study. Coaching: An International Journal of Theory, Research and Practice. https://doi.org/10.1080/17521882.2021.2014542.
- Stephan, M. & Rötz, C. (2018). Discussion Papers on Strategy and Innovation 18-01, Coaching-Marktanalyse 2016/17 – Ergebnisse der 4. Marburger Coaching Studie 2016/17. Marburg: Universität.
- Wagner, M. (2021). Digital Coaching Provider – Plattformökonomie meets Coaching. Training aktuell, 32(11), S. 12-15.

Vom Markt zum Marketing, zu den Verbänden und der Digitalisierung

3.3

Panel-Diskussion – Langjährige Coachs berichten über ihre Erfahrungen

■ *Digitalisierung, Eintritt neuer Marktteilnehmer wie der DCPs: Steht der über 20 Jahre alte Coaching-Markt vor einer – vielleicht aktuell ein starkes Wort – Zeitenwende?*

Thomas Bachmann: Wovon reden wir? Es steht auf vielem Coaching drauf. Ist nach unserem Verständnis da auch Coaching drin?

Stefan Stenzel: Aus diesem Grund haben wir im Jahr 2004 den DBVC gegründet. Coachs der ersten Stunde, viele namhafte Coachs, wollten sich abgrenzen und selbst definieren, was sie unter Coaching verstehen wollten. Der ICF ist eine weitere Instanz, die hier maßgeblich Definitionsmacht hat. Ob das dann alles trennscharf ist oder nicht, ist dann eine zweite Frage.

Anne Schweppenhäußer: Was ist gutes Coaching? Diese Frage zieht sich doch durch die vergangenen Jahre. Was mache ich als Mentor-Coach der ICF? Ich höre mir ein Recording eines Coaching-Prozesses eines Kollegen an und lege als Maßband daneben, was die ICF als PCC-Marker deklariert hat. Ist das wirklich gutes Coaching?

Thomas Bachmann: Ich gehe noch den einen Schritt zurück: Wenn wir nur über 1:1-Coaching sprechen wollen, ist das ein ganz kleiner Markt. Wenn es marktmäßig interessant werden soll, müssen wir Weiteres dazunehmen. Aber an die Frage, was gutes Coaching ist, da traue ich mich gar nicht so einfach ran: Das kann sehr komplex werden …

Anke Paulick: Schauen wir uns an, womit Coachs ihre Arbeitszeit verbringen: Die wenigsten leben vom Coaching. Die meisten machen noch verschiedene Dinge daneben. Schaue ich mit der Digitalisierungsbrille drauf, dann ist auch Digitalisierung im Coaching nicht per se gut oder schlecht. Eine Visualisierung mit einem Miro-Board im

„700.000 Menschen in Deutschland sind Coach, sagt LinkedIn. Was machen all diese Menschen?"

Coaching ist Digitalisierung, die Vermittlungsplattformen, Chatbots, VR ... wir reden über ein sehr breites Spektrum. Und auch das ist noch nicht alles. Oder noch eine weitere Perspektive: 700.000 Menschen in Deutschland sind Coach, sagt LinkedIn. Was machen all diese Menschen? Wisst ihr das? Und wie wird man zum Coach auf LinkedIn? Indem man sich ein Vierstundentraining mit Online-Kursen von drei bekannten Coachs anschaut? Oder indem man bei Instituten zweieinhalbjährige Ausbildungen durchläuft? Zeitenwende ist ein großes Wort: Coaching hat definitiv mehr Aufmerksamkeit als noch vor einigen Jahren. Doch nach meiner Wahrnehmung haben die wenigsten, die von Coaching sprechen, ein klassisches Coaching-Verständnis.

Was mich aktuell umtreibt, ist die Frage, wie kann man das Gute aus dem Coaching nutzen und clever mit anderen Angeboten verknüpfen? Denn Firmen wollen Convenience. Die wollen nicht mit 28 Personen Verträge machen und dann für spezielle Tools noch mal separat zahlen. Drehe ich diese Perspektive aber um, lautet die Frage: Kann ein gut ausgebildeter Coach mit Brokern zusammenarbeiten? Ich sehe das mittelfristig als schwierig an. Der Markt wird sich in den nächsten drei Jahren durch Fusionen bereinigt haben. Da bleiben nur noch wenige große DCPs übrig. Und vielleicht noch ein paar gut sortierte mittelständische regionale Boutiquen. Die großen DCPs werden zum Schluss, je nach Qualifizierung oder Sprachen, nur noch 40 bis 80 Euro für ein Coaching bezahlen. Wer will dafür arbeiten?

Anne Schweppenhäußer: Ich habe eine gute Freundin in Kasachstan. Die ist MCC im ICF. Für die ist das ein durchaus interessantes Angebot.

„Die Verbandslandschaft diskutiert die Fragen der Kunden kaum"

Stefan Stenzel: Schauen wir doch mal mit den Augen des Kunden darauf: Was ist gutes Coaching für den Kunden? Er versteht nicht, was MCC oder PCC bedeutet oder Systemik. Der Kunde geht einfach zu Anne, weil die ihm sympathisch ist und ihn versteht. Und wenn er mal einen toughen Typen braucht, geht er zu Thomas. So entscheidet der Kunde. Die Nabelschau der Verbände interessiert den nicht. Doch die Verbandslandschaft diskutiert die Fragen der Kunden kaum.

Anne Schweppenhäußer: Was ist die Konsequenz? Wird Coaching mit einer solchen Perspektive nicht immer mehr zu einer Kuscheldecke? Auf so etwas hatte ich noch nie wirklich Lust. Da mache ich doch lieber Coaching-Supervision mit meinen Kollegen. Da merke ich dann stärker, dass ich wirklich wirksam bin. Aber es gibt natürlich auch sehr unterschiedliche Bedürfnisse im Markt. Doch der Punkt wird sein:

Wer definiert Coaching nun final? In Deutschland sind wir da in eine Sackgasse geraten: Es wird nicht final definiert. Schauen wir bloß, was aus dem Dachverband Roundtable geworden ist. Aber vielleicht wird das irgendwann auf EU-Ebene definiert. Oder auch nicht. Wenn der Beruf Coach so klärungsbedürftig wäre, wäre diese Berufsbezeichnung schon längst reguliert.

■ *Wie groß ist eigentlich der Verband der Nichtverbandsmitglieder? Weiß das jemand? Bekommen wir diesen Teil des Markts eigentlich in den Blick?*

Anne Schweppenhäußer: Ich würde es andersherum definieren: In Deutschland gibt es zirka 35 Verbände, die irgendwas mit Coaching zu tun haben. Die Interessen der Coachs zu bündeln, findet meines Erachtens zurzeit zu wenig statt.

■ *Vielleicht brauche ich keinen Verband, wenn ich meinen Kunden Kalenderweisheiten vorlese …*

Anne Schweppenhäußer: Letztens hörte ich von einer Studie, die fragte, wann sind die Leute am stärksten zufrieden: Wenn Sie wegen eines Problems zum Arzt gehen, zum Psychotherapeuten oder zum Wahrsager? Und sie sind am stärksten mit dem Wahrsager zufrieden.

Anke Paulick: Es gibt einen Grund, warum die DCPs gerade stark in Wirksamkeitsstudien investieren. Die Frage ist doch, worüber bekomme ich höhere Glaubwürdigkeit? Der eine Weg geht über Zertifizierung. Als Plattform muss ich meinen senioren Coachs allerdings auch genügend Business verschaffen. Wenn mir das nicht gelingt, wird es schwierig, die Kollegen bei Laune zu halten. Es werden etliche abwandern. Alternativ kann ich nun eine eigene Coach-Akkreditierung implementieren, um den Brain-Drain zu kompensieren. Solches erkenne ich derzeit im Markt. Oder ich versuche, Wissenschaftler zu finden, die mir helfen, Coaching-Wirksamkeit messbar zu machen, damit ich das als Kundennutzen darstellen kann. Ich belasse es also nicht dabei, den Klienten direkt nach dem Coaching zu befragen, ob er mit dem Ergebnis zufrieden ist, sondern ich befrage ihn auch noch einmal drei Monate später, ob er sein Ziel erreicht hat, und nach sechs Monaten erneut. Und wenn er zufrieden ist, frage ich ihn dann, ob er neue Themen, also weiteren Bedarf hat. In diesen Bereich wird gerade massiv investiert.

„Es gibt einen Grund, warum DCPs gerade stark in Wirksamkeitsstudien investieren"

Stefan Stenzel: Man muss ja mal festhalten: Keiner der Gründer dieser Plattformen kommt aus der Community der Coachs. Die kaufen sich jetzt also Expertise hinzu, um das Image zu bekommen, das sie präsentieren wollen.

Anke Paulick: Das geht ja noch weiter: Wofür wird Coaching eingesetzt? Wann ist eine Firma zufrieden, die Coaching einkauft? Der Kunde muss einen Nutzen davon haben.

■ *Der Coach, der sich neu auf dem Markt einfindet, muss sich solche Fragen auch beantworten. Was bringt mir eine Ausbildung, eine Zertifizierung oder eine Verbandsmitgliedschaft? Soll ich auf eine Plattform gehen? Was würdet ihr in dieser Gemengelage einem Anfänger raten?*

Anne Schweppenhäußer: Der Coach-Anfänger kommt gar nicht auf eine Coaching-Plattform. Denn die Plattformen können sich die Coachs aussuchen. Ohne eine einigermaßen renommierte Zertifizierung läuft da nichts mehr.

„Die Plattformen haben inzwischen viel mehr Coachs als Geschäft"

Thomas Bachmann: Die Plattformen haben inzwischen viel mehr Coachs als Geschäft.

Anne Schweppenhäußer: So stellt sich die Frage: Wo ist meine Nische? Kann ich Coaching mit einem spannenden Thema verknüpfen? Beispielsweise mit dem Tech-Umfeld, aus dem ich ursprünglich stamme. Habe ich eine spezielle Feldkompetenz? Ich würde als Unternehmen verständlicherweise doch niemanden an meine Mitarbeiter ranlassen, der noch nie ein Unternehmen von innen gesehen hat. Um das mal pointiert auszudrücken.

Stefan Stenzel: IT-Kompetenz ist für mich kein ausschlaggebendes Kriterium. Ein guter Coach koppelt durch seine Person an. Nur die Ungläubigen glauben immer noch, dass der Coach ein Berater ist. Oder dass er dieselben Leiden gehabt haben muss wie ein CEO, um mit dem arbeiten zu können. Die richtig guten Coachs überzeugen, auch wenn sie branchenfremd sind.

Anke Paulick: Aber ist Feldkompetenz nicht eine müßige Diskussion? Habitus zu haben, ist etwas anderes. Feldkompetenz hilft mir, wenn ich mich ohne Netzwerk vermarkten möchte und ich nachweisen kann, dass ich mich auskenne und weiß, was meine Klienten umtreibt. Ein Coach kann theoretisch viele Felder abdecken, doch wenn er wirtschaftlich Erfolg haben möchte, kein Ausbildungsinstitut gründen, sich auf Supervision oder Tool-Produktion spezialisieren möchte, was ja viele tun, dann ist er gut beraten, sich in einer Nische zu bewegen. Doch kann man von Coaching leben? Die meisten gehen doch hin und akquirieren bei ihren letzten Arbeitgebern oder arbeiten mit Bildungswerken. Wenn sie da die ersten Kunden haben, versuchen sie, das auszubauen. Wenige Coachs überlegen: Wie kann ich ein Produkt daraus machen, sodass ich noch selbst coache, aber auch verkaufen kann, indem ich Coaching in Programme einbette, beispielsweise kombiniert mit Videokursen, also am besten Spezialprogramme als Komplettlösung. Darüber bekomme ich dann einen guten Erlös-Mix. Dann ist es aber kein klassisches Coaching mehr.

Stefan Stenzel: Das ist natürlich abhängig von der Situation, in der sich die Coachs befinden: Sind sie 50 Jahre alt und ziehen im Unternehmen frühzeitig die Reißleine? Sie bekommen eine gute Abfindung und leisten sich dann den Luxus, mal „was mit Menschen" zu machen. Oder sind sie 35 Jahre alt, haben gerade eine fette Lebenskrise, machen Coaching für sich und erkennen schließlich, sie wollen jetzt auch coachen? Motivlage und Situationen können sehr unterschiedlich sein. Mit dem goldenen Handshake muss ich mich um vieles nicht kümmern. Und eine Coaching-Ausbildung gemacht zu haben, ist vergleichbar mit einem Psychologiestudium. Danach bin ich auch noch kein guter Psychologe.

Anne Schweppenhäußer: Ich kenne die Lage aus der ICF-Community. Wenn die Leute ihre Ausbildung gemacht haben, stellt sich die Frage, wie komme ich jetzt an meine ersten Klienten, um das erste Zertifikat zu bekommen? Da tun sich die Leute oft schwer, ihre ersten 100 Stunden Coaching für das ACC-Zertifikat nachzuweisen. Pro-Bono-Coaching erlaubt die ICF dafür nur zu einem Anteil von 20 Prozent. Doch schlussendlich: Welcher Kunde weiß, was ACC bedeutet?

■ *Das hört sich so an, als ob nicht wenige Leute etwas naiv in den Coaching-Markt purzeln. Um sich zu orientieren, machen sie eine Ausbildung. Dann überlegen sie sich, wie sie an Kundschaft kommen. Läuft das häufig so in dieser Reihenfolge?*

Thomas Bachmann: Ich kann das nicht bestätigen. Bei uns laufen pro Jahr vier bis fünf Ausbildungsgruppen unterschiedlichster Couleur. Einmal eingebettet in einen Masterstudiengang, einmal auf Englisch et cetera. Nur circa 20 Prozent der Teilnehmenden möchten wirklich

Coach werden. Die anderen sind Führungskräfte und Menschen, die bestimmte Rollen besser ausfüllen wollen und persönliches Wachstum anstreben. Natürlich sind auch viele HR-Mitarbeiter darunter. Die 20 Prozent, die sich selbstständig machen wollen, haben aus meiner Sicht eine ziemlich klare Idee davon, wie sie als Coach arbeiten wollen. Wir regulieren das auch in den Erstgesprächen und schicken auch schon mal Aspiranten weg, wenn es uns zu schräg oder zu naiv ist, was die Vorstellungen von Coaching betrifft. Ich sage meinen Absolventen dann zum Schluss: So, jetzt sind sie Facharbeiter, sie können einfache Dinge, vielleicht einen Hocker bauen wie ein Tischler. Aber jetzt geht es erst los! Jetzt steht eine Lernreise an, die viel mit Routine und Praxis zu tun hat. Dafür braucht es dann noch mal ein paar Hundert Stunden Coaching, bis sich Könnerschaft entwickelt und komplexere „Produkte" hergestellt werden können. Das Geschäft entwickelt sich erst im Tun. Indem ich mein Können ausprobiere, mich reinarbeite, empfohlen werde. So entwickelt sich das und nicht so, dass ich mich nach der Ausbildung an den grünen Tisch setze und mir überlege: Was ist meine Zielgruppe, was ist mein Produkt? Und zu diesem Reinarbeiten empfehle ich auf jeden Fall eine Verbandszugehörigkeit. Wer im DBVC ist, geistert nicht allein rum, der gehört irgendwo hin und hat einen guten kollegialen Austausch. Wer das macht – das sind so zwei bis drei pro Ausbildungsgruppe – aus dem wird meist was. Ich verfolge das selbstverständlich mit Interesse seit vielen Jahren.

„Das Geschäft entwickelt sich erst im Tun"

Stefan Stenzel: Ich kann das auch bestätigen: Die Ausbildung, ein Zertifikat, das sind Basics. Die Praxis der Plattformen wertet diesen Ansatz noch mal auf. Die Zertifizierung unterstützt die Transparenz, die Plattformen technisch bieten. Als Unternehmen kann ich damit arbeiten, indem ich sage, ich brauche x PCC vom ICF, y Senior-Coachs vom DBVC oder eben z EMCC-Leute. Da weiß ich sofort, die haben einen ähnlichen Qualifikationshintergrund. Ich verlasse mich auf die Institute und glaube an eine gewisse Selbstähnlichkeit bei den Absolventen. Doch der Rest wird sich in der Praxis zeigen.

■ *Was ist Eure Einstellung zum Thema Marketing?*

Stefan Stenzel: Die Kundenperspektive ist entscheidend. Hierzu ein Beispiel: Vor Jahren habe ich ein Vortrag über Websites von Coachs für eine DBVC-Veranstaltung vorbereitet. Die Präsentation habe ich von meiner Frau, die in der Materie überhaupt nicht drin ist, lesen und kommentieren lassen. Sie sagte, was soll das? Ich verstehe, dieser Mensch macht Coaching. Aber die Liste mit irgendwelchen

Begrifflichkeiten verstehe ich nicht. Alle Websites sind reine Selbstdarstellungen. Die Coachs stellen mir aber ihr Business nicht vor. Die Verpackung sollte doch so sein, dass der „naive" Endkunde etwas damit anfangen kann.

Anke Paulick: Da hat sich seitdem nicht viel geändert, jedenfalls nicht in der Breite.

■ *Stefan, Du würdest sagen: Der Wurm muss dem Fisch schmecken, nicht dem Angler?*

Stefan Stenzel: Ich muss es doch in eine Sprache übersetzen, dass es jemand versteht, der sich mit dem Thema nicht auskennt.

Anke Paulick: Noch mal einen Schritt zurück: Bevor ich beginne, Marketing zu machen, muss ich mir doch zunächst Gedanken darüber machen: Wer bin ich? Was will ich tun? Ich muss mich positionieren! Und da macht es einen Unterschied, ob ich zwei gut laufende Firmenkunden habe und nun einen dritten suche. Oder ob ich mich mit hybridem Coaching positionieren möchte für Frauen Ende 20, die vor der Karriere- und/oder-Familie-Entscheidung stehen, und die ich online gewinnen will. Das sind doch komplett unterschiedliche Dinge. Ich sehe, dass das Thema Positionierung inzwischen unter Coachs angekommen ist. Ich sehe aber auch, dass heute viel Geld in irgendwelche Heilsversprechungen investiert wird, à la: fünfstellige Umsätze in drei Monaten! Oder „Mein Fünf-Schritte-Marketing-Programm" für 10.000 Euro.

„Ich sehe, dass viel Geld in irgendwelche Heilsversprechungen investiert wird"

Thomas Bachmann: Wer springt denn darauf an?

Anke Paulick: Viele ... auch zertifizierte Coachs, Verbandsmitglieder ... Ich frage mich, ist es Verzweiflung oder Unwissen? Es wird viel Geld ausgegeben, bevor man sich mal über die Basis Gedanken gemacht hat: Welches Ziel will ich erreichen? Und welche Marketing-Strategie könnte funktionieren? So etwas könnte man doch zunächst mal mit ein paar Leuten links und rechts besprechen, um sein Ziel besser zu erreichen. Coachs machen viel Marketing – Social Media, Website, Newsletter, noch ein Blog oder mal ein Video, dann noch ein Insta-Kanal. Es wird sehr breit gestreut.

Stefan Stenzel: Das ist nicht zielgruppenspezifisch. Coaching wird meines Erachtens erst in den nächsten Jahren ein Business werden.

Bis jetzt war es eine romantische Spielerei, sage ich etwas überzogen. Da standen humanistische Gedanken und Selbstverwirklichung im Zentrum. Wenn ich heute kein klares Profil habe, wenn ich den Markt nicht kenne, wenn ich nur an Business als Markt denke, dann wird es schwierig.

■ *Was für ein Business wird es dann, wenn es gut läuft?*

Stefan Stenzel: Business ist zahlengetrieben. Durch die Digitalisierung wird eine Transparenz erzeugt, die zahlreiche wirtschaftliche Anwendungen möglich erscheinen lässt. Mit den Daten kann man gut wissenschaftlich forschen. Mit den Daten, die übrigens private Daten sind, kann man aber auch andere Dinge tun: Stichwort Data Analytics. Oder: Was ist, wenn es einen Datendiebstahl gibt?

Anne Schweppenhäußer: Mich würde beispielsweise interessieren, wie sich ein ACC-Coaching von einem MCC-Coaching unterscheidet. ICF hat ja solche Daten. Doch die Daten wurden zu einem anderen Zweck eingebracht und dürfen für den wissenschaftlichen Zweck nicht genutzt werden. Hier greift der Datenschutz.

Stefan Stenzel: Mit diesen Daten kann man – à la Amazon – ein Bestseller-Coaching kreieren. Da werden dann alle Faktoren optimiert. Das ist Kommerzialisierung. Die DCPs haben diese Daten. Und sie stehen unter enormen Druck durch ihre Investoren. Sie müssen irgendwann dazu übergehen, die Daten zu monetarisieren.

„Wenn ich bei einem DCP ein Coaching anfrage, bekomme ich drei Coachs vorgeschlagen. Das ist doch nicht intelligent!"

Anke Paulick: Aber wo steckt denn da die Intelligenz? Im Matching von Coach und Klienten? Wenn ich bei einem DCP ein Coaching anfrage, bekomme ich drei Coachs vorgeschlagen. Der gemeinsame Nenner ist, die haben eine Mindestzertifizierungsstufe und sprechen meine Sprache. Das ist doch nicht intelligent! Oder will man Coaching-Protokolle auswerten im Sinne eines Profilings? Darf ich mir dann die Frage stellen, wen ich als Coach-Persönlichkeit brauche? Doch woran sollte ich das festmachen? Was genau würde mir denn helfen in meiner Situation? Von der Beantwortung dieser Frage sind wir doch noch weit weg.

Thomas Bachmann: Das sind so absurde Gedanken, mir ist das so fremd und es ist so weit weg von meiner Welt. Ich kann das nur mit Erstaunen und Stirnrunzeln quittieren.

■ *Nun hat die große Studie von Eric de Haan und Kollegen doch herausgefunden, auf Persönlichkeit kommt es gar nicht an. Die Vorstellung, man müsste einen bestimmten Coach mit einem bestimmten Klienten matchen, korreliert schlicht nicht.*

Thomas Bachmann: Ich finde es schon absurd, dass sich in einigen Unternehmen Klienten zwischen drei Coachs entscheiden sollen, die ihnen vorgeschlagen werden. Das ist doch eine unmögliche Aufgabe für alle Beteiligten. Die Coaching-Verständnisse sind halt so weit auseinander, für mich wird es dann völlig schräg, wenn man einen Entertainer darunter versteht oder jemanden, der sich gut verkaufen kann. Ich weiß, dass ich in einem Nischenmarkt unterwegs bin, den es noch lange geben kann. In dem muss keine Werbetrommel gerührt werden, in dem braucht es kein Marketing, dort werden auch keine Profile verschickt, sondern da treffen sich Menschen und kriegen ein gutes Coaching. Und weil es gut war, schicken sie auch andere Leute wieder zum Coach. Dieser Markt wird unterhalb der Plattformen und des Verkaufsgedöns weiter existieren. Darüber existiert das ganze Verrückte, von dem ihr da so erzählt.

Stefan Stenzel: Du lebst aber nicht von Luft und Liebe, Thomas?

Thomas Bachmann: Nein, natürlich nicht. Ich lebe von ordentlichen Tagessätzen und Stundenhonoraren. Ich sehe hier schlicht Parallelwelten, die wenig miteinander zu tun haben. Ich lebe in einer davon.

Anne Schweppenhäußer: Kommen wir doch noch mal zum Anfang unserer Diskussion zurück: Für den Fall, dass wir tatsächlich wüssten, was gutes Coaching ist und wir ein gemeinsames Verständnis davon hätten, und für den Fall, dass wir das in irgendeiner Form institutionalisiert hätten, hätten wir doch eine Ausgangsbasis. So könnten wir die Spreu vom Weizen trennen. Ich sehe diese Basis im Moment nicht. Es mag gute Gründe dafür und dagegen geben. Nur, dient uns das als Profession? Ich denke, es dient uns nicht.

Thomas Bachmann: Du denkst von den Methoden und Ansätzen her, ich denke von der Beziehung her. Ich glaube, dass man ein gutes Coaching nicht definieren und folglich auch nicht messen kann. Natürlich können wir über Rahmenbedingungen reden, über Zufriedenheit, doch schon bei Zielerreichung wird es schwierig. Meine bescheidene Sicht: Coaching lässt sich nicht quantifizieren, nicht verkaufen. Es handelt sich um eine Begegnungsqualität, die anderen Menschen

„Ich glaube, dass man ein gutes Coaching nicht definieren und folglich auch nicht messen kann"

hilft, zu reflektieren, Ideen zu finden, die ihnen Unterstützung und Rückhalt gibt. Das lässt sich nur schwer bis gar nicht messen und vor allem nicht skalieren – was ich ganz beruhigend empfinde.

Stefan Stenzel: Das wäre auch unabhängig von der technologischen Entwicklung.

Thomas Bachmann: Genau, das ist unabhängig davon, ob es präsent oder online stattfindet. Wenn ich Coaching aber einer Verkaufs- und Ökonomisierungslogik unterwerfe, muss ich immer mehr akquirieren, um meine Ziele zu erreichen, und jeder Klient, der noch einen weiteren wirbt, bekommt einen Fünf-Euro-Bonus. Wenn ich damit anfange, zerstöre ich das eigentlich Wertvolle.

Das Interview führte Thomas Webers. ■

4.

Der Coach: Der Wettbewerb und ich

In diesem Kapitel lesen Sie

Dieses Kapitel beschreibt den typischen Coach im deutschen Coaching-Markt. Kernaussagen sind:

- Der typische Coach in Deutschland ist berufserfahren und gut ausgebildet.
- Es gibt systematische Unterschiede zwischen Männern und Frauen.
- Jenseits der demografischen Daten kommt es auf das individuelle Profil des Coachs an.
- Zum individuellen Profil gehören sowohl die eigenen Werte wie auch die eigene Mission.

Der statistische Coach

4.1

Der schnellste Weg, sich einen Überblick über den Wettbewerb zu verschaffen, ist, sich die durchschnittlichen Merkmale der Coachs in Deutschland anzusehen. Dabei fällt als Erstes auf, dass der durchschnittliche Coach in aller Regel vor allem lebens- und berufserfahren sowie gut ausgebildet ist. Die typische weibliche Coach ist im Jahr 2021 51,9 Jahre alt, wobei die Altersgruppe zwischen 45 und 54 Jahre sowie die ab 55 Jahren inzwischen jeweils circa 40 Prozent der Altersgruppen stellen. Die durchschnittliche weibliche Coach verfügt über 16,7 Jahre Berufserfahrung vor Aufnahme der Coaching-Tätigkeit und über 11,6 Jahre Berufserfahrung als Coach. Coaching bestimmt zu 31,2 Prozent ihre berufliche Tätigkeit und umfasst durchschnittlich 30 Coaching-Prozesse mit jeweils elf Stunden im Jahr. Sie befasst sich im Coaching zu 76,8 Prozent mit beruflichen und entsprechend zu 23,2 Prozent mit privaten Themen (s. Abb. 4.1).

Abb. 4.1: Der statistische Coach 2020/21

Dimensionen (in Klammern: Werte 2020)	Männer 42,7 % (42,0 %)	Frauen 57,1 % (57,4 %)
Altersdurchschnitt	54,5 (51,6) Jahre	51,9 (48,2) Jahre
Berufserfahrung vor dem Coaching	16,8 (17,1) Jahre	16,7 (15,6) Jahre
Coaching-Erfahrung	14,1 (12,4) Jahre	11,6 (9,6) Jahre
Anteil Coaching an allen Tätigkeiten	28,7 (32,3) Prozent	31,2 (40,6) Prozent
Anzahl Coaching-Prozesse	25,1 (22,3) Prozesse	29,8 (25,9) Prozesse
Std. pro Coaching-Prozess	15,1 (11,0) Std.	11,3 (10,0) Std.
Anteil der beruflichen Themen	80,6 (80,0) Prozent	76,8 (78,6) Prozent
Durchschnittlicher Stundensatz (60 Min./netto)	172,88 (162,78) Euro*	148,55 (167,52) Euro*
Stundensatz unternehmensbezahlt	189,26 (182,39) Euro	170,26 (190,85) Euro
Stundensatz privat bezahlt	138,04 (131,80) Euro	120,95 (135,40) Euro

* Stundensatz 2020, gewichtet gemittelt = 165,04 Euro
Stundensatz 2021, gewichtet gemittelt = 158,75 Euro

Betrachtet man die männlichen Coachs, so sehen wir über die Jahre konsistente Unterschiede im Vergleich zu den weiblichen Coachs. Der statistisch männliche Coach ist durchschnittliche 54,5 Jahre alt – und damit älter als die statistisch weibliche Coach. Bei den Männern ist der Coach in der Altersgruppe oberhalb von 55 Jahren mit 54 Prozent dominant. Er verfügt über 16,8 Jahre Berufserfahrung vor dem Coaching und hat mit 14,1 Jahren Coaching-Erfahrung fast drei Jahre mehr coachingspezifische Erfahrung als seine statistische Kollegin. Gleichzeitig verbringt er etwas weniger Zeit mit Coaching (28,7% der Tätigkeit) als dies bei der statistisch weiblichen Coach der Fall ist. Auch die Anzahl der Coaching-Prozesse ist mit circa 25 Fällen deutlich geringer als bei den Frauen. Der männliche Coach befasst sich zu 80,6 Prozent mit beruflichen Themen und nur zu 19,4 Prozent mit privaten Themen, mit denen sich in der Regel deutlich weniger Geld verdienen lässt.

Trotz der systematischen Unterschiede zwischen weiblichen und männlichen Coachs ist eines sehr deutlich: Dem Wunsch des Marktes nach berufs- und lebenserfahrenden Coachs steht ein Angebot gegenüber, das diesem Wunsch entsprechen kann. Auch die marktseitig häufig gewünschte Felderfahrung im Bereich Führung scheint gut abgedeckt zu sein. Im Jahr 2021 geben 69 Prozent der Coachs an, über Führungserfahrung vor ihrer Tätigkeit als Coach zu verfügen.

Statistisch verfügen Coachs über ein hohes Maß an Berufs- und Lebenserfahrung

Die Kernaussage der Daten der Coaching-Umfrage ist daher, dass der Coaching-Markt vor allem durch berufs- und lebenserfahrene Coachs geprägt wird. Die populäre Aussage, dass jede und jeder als Coach tätig ist und über keine entsprechende Erfahrung verfügen muss, wird seit Jahren durch die Daten der Umfrage widerlegt. Das schließt nicht aus, dass es solche Coachs gibt, doch der statistische Coach ist sowohl lebens- wie auch berufserfahren – und lebt nicht ausschließlich vom Coaching. Auch eine weitere populäre Vermutung, dass man nur ein Wochenend-Seminar besuchen muss, um danach Coach zu sein, wird durch die Daten der Coaching-Umfrage nicht bestätigt, wie wir weiter unten sehen werden.

Dass wir beim Wettbewerb vor allem über die Merkmale einzelner Coachs sprechen, ist übrigens kein Zufall. Rund 67 Prozent der Coachs sind im Jahr 2021 als Freiberufler oder Selbstständige mit eigener Firma am Markt vertreten. Die Firmen sind in der Regel keine größeren Unternehmen, sondern kleine Beratungen mit wenigen Festangestellten. Weitere acht Prozent der Befragten sind teilweise selbstständig,

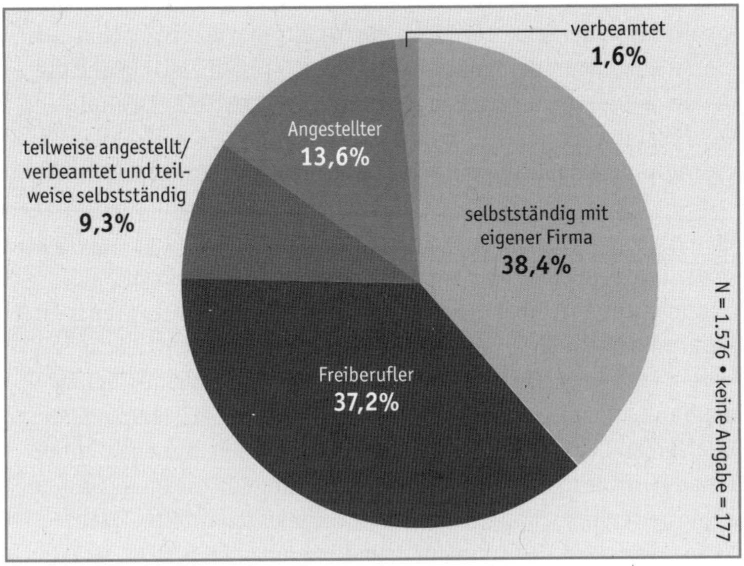

Abb. 4.2: Organisationsformen von Coachs

Geprägt wird der Coaching-Markt durch einzelne Coachs

teilweise angestellt. In vollständiger Festanstellung oder als Beamte sind ca. 14 Prozent der Coachs tätig. Daher sind die Wettbewerber in der Coaching-Branche in aller Regel einzelne Coachs in einem stark zersplitterten Markt. Natürlich gibt es auch größere Beratungen, die im Bereich Coaching tätig sind, doch ist Coaching dort meist nur ein weiteres Angebot aus dem Gesamtportfolio von Beratung, Training und Ausbildung, wie wir dies bereits im Kapitel 3 gesehen haben. Coaching rundet hier das Angebot der Beratungen lediglich ab (s. Abb. 4.2).

Qualifizierung von Coachs 4.2

Trotz der vorhandenen Berufserfahrung verfügen die meisten Coachs zusätzlich über eine umfangreiche Coaching- bzw. äquivalente Beratungsausbildung. Vom Roundtable Coaching (RTC) wird aktuell eine Mindestdauer von 150 Ausbildungsstunden für zertifizierte Coachs gefordert. Zertifiziert bedeutet in diesem Fall eine Zertifizierung durch einen der Mitgliedsverbände des RTC, da es keine gesetzlichen Regelungen für die Zertifizierung von Coachs gibt. Dabei muss sich die Ausbildung mindestens über einen Zeitraum von zwölf Monaten erstrecken, damit der Prozess-Charakter der Qualifizierung und die damit verbundene Entwicklung der eigenen Coach-Kompetenz gewährleistet werden kann. Viele Einzelverbände gehen über diese Mindestanforderungen allerdings deutlich hinaus (s. Kap. 9.3, S. 177).

Der Umfang der primären Coach-Qualifizierungen liegt im Durchschnitt bei 361 Stunden

Gleichzeitig zeigt sich auch anhand der erhobenen Daten, dass Coachs in der Praxis oft weit über diese Mindestanforderungen an Weiterbildungsstunden hinausgehen und zusätzlich nach ihrer primären Beratungsfortbildung regelmäßig in ihre weitere Kompetenz investieren. So liegt schon im Jahr 2016 der durchschnittliche Umfang der besuchten primären Coach-Qualifizierungen bei 361 Stunden. Der Median (= Mitte des Datensatzes) liegt bei 250 Stunden. Darüber hinaus sind primäre Weiterbildungsgänge mit 500 und mehr Stunden keine Seltenheit. Interessanterweise verlangt der größte Coaching-Verband der Welt (ICF) als Grundqualifizierung lediglich 60 Stunden. Gleichzeitig steigen die Anforderungen bei der ICF mit weiteren Zertifizierungsstufen (bis auf 250 Std.). Das zeigt, dass in anderen Teilen der Welt im Vergleich zur Praxis in Deutschland oder Europa die initiale Qualifizierung einen anderen und ggf. geringeren Stellenwert aufweist. Dies lässt sich durch unterschiedliche Bildungssysteme erklären.

Eine weitere Besonderheit in Deutschland ist der große Anteil, den die systemischen Ausbildungen einnehmen. Dieser Anteil ist über die Jahre deutlich gewachsen (s. Abb. 4.3, S. 81).

Die kontinuierliche Weiterbildung gehört für Coachs zum professionellen Selbstverständnis

Mit einer primären Coaching-Weiterbildung ist es für die meisten Coachs also nicht getan. Für viele Coachs gehört die regelmäßige Weiterbildung zum Selbstverständnis dazu. Die ICF verlangt darüber einen konkreten Nachweis, wenn man seine einmal erlangte Zertifizierungsstufe behalten möchte. So muss jede ICF-Zertifizierung nach Ablauf von drei Jahren erneuert werden (Continuous Improvement). Dazu ist ein Nachweis von mindestens 40 Stunden (anerkannter) Weiterbildung als Coach notwendig. Das ist leider nicht bei allen Verbänden der Fall. Oft reichen die einmalige Zertifizierung und die kostenpflichtige Mitgliedschaft in dem jeweiligen Verband aus, um lebenslang die Zertifizierung auf stolzer Brust zu tragen – selbst wenn man gar nicht mehr als Coach tätig ist. Allerdings sind die meisten Coachs von sich aus bestrebt, sich kontinuierlich weiterzubilden, so dass die durchschnittliche Anzahl der Weiterbildungsstunden laut Coaching-Umfrage 76 Stunden im Jahr beträgt. Erfreulicherweise

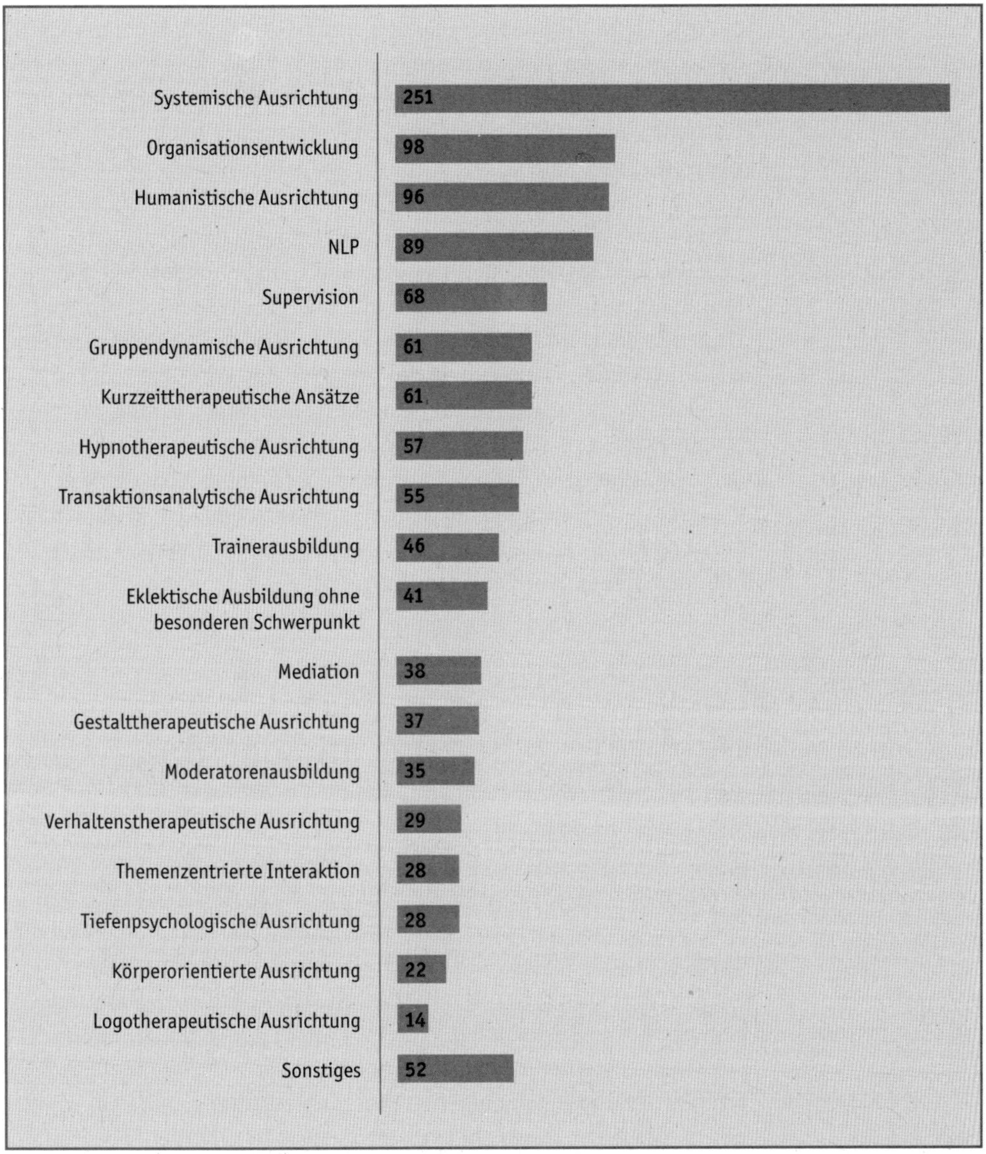

Abb. 4.3: Spektrum der Qualifizierungen (absolute Werte, 2016)

bleibt dieser Anspruch nach kontinuierlicher Weiterbildung auch dauerhaft bei den Coachs bestehen, da auch bei steigender Berufserfahrung die Weiterbildungsstunden nicht sinken. Dies unterstreicht die professionellen Ambitionen vieler Coachs.

Bei diesen Weiterbildungen sieht die Verteilung der bevorzugten inhaltlichen Ausrichtung im Übrigen recht ähnlich aus wie bei der Wahl der primären Ausbildung (Coaching-Umfrage 2016). Auch hier liegen die systemischen Ausbildungen weit vorne und die eklektischen Ausbildungen, damit ist eine Sammlung unterschiedlicher Techniken und Methoden aus unterschiedlichen Schulen gemeint, hat mit der Zeit an Bedeutung verloren.

Weiterbildungsaffine Coachs realisieren höhere Stundensätze

Interessant ist, dass die Coachs, die an Weiterbildungen nach der Grundausbildung als Coach teilgenommen haben, tendenziell höhere Stundensätze im Markt realisieren können. Dabei gibt es allerdings keinen Zusammenhang zwischen der Dauer der Weiterbildung und der Höhe der Stundensätze. Allein die Tatsache, dass eine Weiterbildung im letzten Jahr besucht wurde, korreliert positiv mit der Höhe der Stundensätze sowohl bei privat- wie auch unternehmensbezahlten Coaching-Prozessen. Dabei lässt sich wahrscheinlich kein direkter ursächlicher Zusammenhang herstellen. Wahrscheinlich ist eher, dass der hohe Anspruch an die eigene Tätigkeit und Qualifikation generell mit den höheren Stundensätzen korreliert.

4.3 Qualitätssicherung im Coaching

Zur Qualitätssicherung nutzt die überwiegende Mehrzahl (84%) von Coachs verschiedene Formen der Evaluierung. Dabei werden vor allem das Abschlussgespräch mit Coaching-Klienten und Auftraggebern, das Abschlussgespräch nur mit Klienten und der eigene Evaluationsbogen genutzt. Schriftliche Befragung von Dritten oder ein Evaluationsbogen durch den Auftraggeber werden eher selten genutzt. Auch wenn die Evaluation der eigenen Coaching-Leistungen eher die Regel ist, so entspricht diese Evaluation selten wissenschaftlichen Kriterien oder wird besonders systematisch durchgeführt. Auch scheinen die Auftraggeber kein besonderes Interesse an einer systematischen Evaluation zu haben.

Eine systematische Evaluation ist eher die Ausnahme

Bei den Themen der Evaluation steht naturgemäß die subjektive Zielerreichung im Vordergrund. Eine konkrete, verhaltensbasierte Beobachtung von Verhalten oder sogar von Effekten durch das Coaching auf das Umfeld kommt so gut wie nicht vor. Jenseits der Forschung im Rahmen von wissenschaftlichen Projekten und den typischen „Happy Sheets" am Ende von Coaching – das sind kurze Fragen, die man mit (mehr oder weniger) lachenden Smileys beantworten kann – ist dies ein Bereich der Professionalisierung, der mit den deutlichsten Entwicklungsbedarf aufweist. Damit ist dies selbstverständlich auch ein Positionierungsbereich, in dem man sich relativ einfach vom Wettbewerb abheben kann. Eine klare Evaluationsstrategie, ein professionelles Erhebungsverfahren sowie eine systematische Auswertung der Daten wären Merkmale, mit denen man durchaus aus der Menge der Coachs herausstechen könnte.

Mit einer klaren Evaluationsstrategie könnte man im Markt punkten

Diese Aussage gilt vor allem dann, wenn man sie auf die Masse der am Markt befindlichen Coachs bezieht, die in der Regel allein oder in einem losen Netzwerk am Markt auftreten. Dies gilt nicht mehr für die schon genannte neue Konkurrenz der Coachs, die seit ein paar Jahren verstärkt am Markt auftritt: die Digital Coaching Provider (DCP). Dadurch dass die DCPs den gesamten Coaching-Prozess von der Auftragsklärung über die Zieldefinition, den Ablauf der Coaching-Stunden bis hin zu Abschluss und Rechnungsstellung digitalisiert haben, können die meisten DCPs auch alle Daten ohne Probleme digital erfassen und auswerten. Dabei bewegen sich diese Auswertungen im Spannungsfeld von Vertraulichkeit für den Klienten und dem berechtigten Interesse der Auftraggeber (der Unternehmen), etwas über den Erfolg der Maßnahme zu erfahren.

Die DCPs verfügen praktisch über alle Daten des Coaching-Prozesses

Bei den Befragungen der DCPs (Middendorf & Ritter, 2020, 2021) zeigen sich die meisten DCPs noch zurückhaltend beim Ausschöpfen der Auswertungsmöglichkeiten. Häufig werden nur Rahmendaten (Beginn, Dauer, Ende) ausgewertet, wenn auch zum Beispiel Ziele des Coachings standardmäßig erhoben werden. Neben der Auswertung der individuellen Coaching-Prozesse bieten sich DCPs natürlich auch weitere Möglichkeit der Auswertung an, beispielsweise über die vorherrschenden Themen in einem Unternehmen. Damit erhält dann die Personalabteilung gleich eine Art Trendbild über die im Unternehmen insgesamt diskutierten Themen. Hier kann man etliche kritische Fragen aufwerfen. Wenn sich DCPs hinter Schlagworten wie „Algorithmus" verschanzen, dürfte das nicht grundsätzlich vertrauenerweckend wirken, weil diese von Experten auch mit Black Box, also Willkürlichkeit, übersetzt und kritisiert werden können. Hier werden wir bestimmt noch spannende Diskussionen erleben.

Heikel: Auswertungen zu unternehmensspezifischen Problemlagen

4.4 Die Einzigartigkeit als Coach

Neben dem statistischen Überblick zum Wettbewerb im Coach-Markt gilt es zu betonen, dass jede und jeder Coach natürlich einzigartig ist. Sicherlich wird man sich in den oben genannten statistischen Kategorien einordnen können, doch ergibt sich daraus nur ein Teil des eigenen Profils als Coach und Beraterin (Trainerin, Ausbilder etc.). Schon in Kapitel 2 haben wir Reflexionshilfen zur Beschreibung der eigenen Erfahrungen, Fähigkeiten und Kompetenzen angeboten. Sie runden das eigene Profil weiter ab. Zusätzlich sind aber auch persönliche Werte und die eigene Mission wichtige Bestandteile des eigenen, unverwechselbaren Profils. Um die eigenen Werte und auch die eigene Mission besser in Worte fassen zu können, bieten wir Ihnen hier zwei Methoden an, die schon früher im managerSeminare-Verlag veröffentlicht wurden: die Wertehierarchie und der MissionsKompass.

Werte und Mission als wichtige Bestandteile des eigenen Profils

4.4.1 Meine Werte

Werte bilden unseren inneren Maßstab zur Beurteilung von Situationen und Verhaltensweisen. Dabei entspringen Werte oft grundsätzlichen Bedürfnissen und sind Teile von persönlichen Glaubenssätzen über die Welt, also Teil einer angenommenen Kausalbeziehung oder Verallgemeinerung und einer entsprechenden Bewertung. So kann jemand zum Beispiel den Glaubenssatz haben: „Nur wenn Du immer die beste Leistung erbringst, wirst Du auch geliebt." Hier wird also eine Kausalbeziehung zwischen Leistung und Liebe hergestellt, die im Umkehrschluss heißen kann: „Wenn Du nicht erfolgreich bist, dann bist Du auch nicht liebenswert." Der Wert, der mit diesem Glaubenssatz ebenfalls transportiert wird, heißt „Geliebt werden" bzw. „Anerkennung", er entspricht zugleich fundamentalen Bedürfnissen von vielen Menschen.

Werte spielen daher nicht nur bei der Existenzgründung eine zentrale Rolle (z.B. Sicherheit, Unabhängigkeit, Status etc.), sondern sie helfen uns zu bestimmen, welche Themen für uns als Tätigkeitsfelder von Bedeutung sind (z.B. selbstständiges Denken, Selbstverwirklichung, Erfolg, Kooperation etc.). In der Regel sind uns unsere Werte und die damit verbundenen Bedürfnisse nicht vollständig bewusst. Wir verhalten uns unserer Meinung nach schlicht „vernünftig" und nutzen unseren „gesunden Menschenverstand".

Genau hier setzt die Methode der Wertehierarchie an, die uns befähigt, uns mit unseren Werten und deren Beziehung untereinander auseinanderzusetzen. Dazu bestimmen wir als erstes das Thema, für das wir unsere Werte reflektieren wollen. Das kann zum Beispiel das Thema „Selbstständigkeit" sein: Welche Werte sind einem im Bereich der Selbstständigkeit besonders wichtig? Das kann aber auch das Thema Nutzen sein: Welche Werte sind einem in Bezug auf die Arbeit mit den Kunden besonders wichtig? Oder ganz allgemein: Welche Werte sind einem in Bezug auf das Wirken in der Gesellschaft besonders wichtig? Je nachdem, welches Thema Sie beleuchten wollen, kann sich das Ergebnis unterscheiden. Dabei ist zu empfehlen, die Methode mehrfach mit unterschiedlichen Themen durchzuführen und nach

Das Wissen über eigene Werte hilft bei der Angebotsformulierung

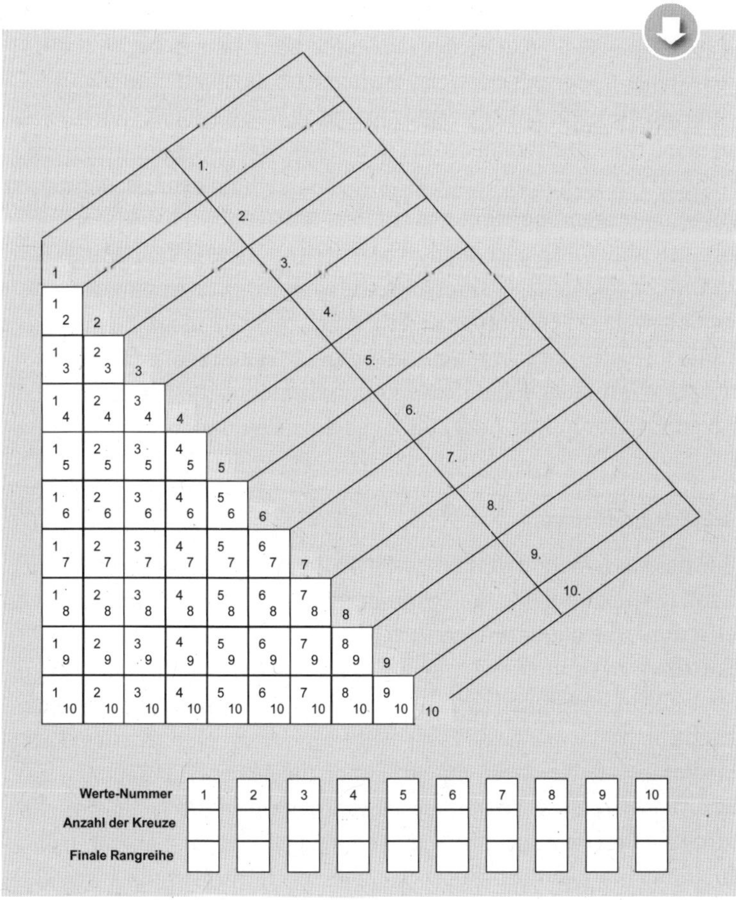

Abb. 4.4: Wertehierarchie

Gemeinsamkeiten und Unterschieden Ausschau zu halten. Je mehr Sie über Ihre Werte wissen, desto klarer können Sie in Ihrem Business-Plan und Ihrer Angebotsformulierung sein.

Haben Sie sich für ein Thema entschieden, zu dem Sie Ihre Werte kritisch reflektieren möchten? Dann tragen Sie in einer Art Brainwriting zehn Werte in die erste Spalte der Matrix auf der vorherigen Seite ein (s. Abb. 4.4, S. 85). Anschließend führen Sie einen systematischen Paarvergleich durch: Was ist Ihnen wichtiger? Wert Nr. 1 oder Wert Nr. 2? Die Zahl des wichtigeren Wertes wird in der Matrix mit den Zahlenpaaren angekreuzt. Dann folgt der nächste Paarvergleich, bei dem Wert Nr. 1 mit Wert Nr. 3 verglichen wird. Anschließend vergleichen Sie Wert Nr. 2 mit Wert Nr. 3 und so weiter – bis zum Paarvergleich zwischen Wert Nr. 9 und Wert Nr. 10. Mit diesem letzten Vergleich haben Sie alle vorgegebenen Paarvergleiche vorgenommen und den jeweiligen wichtigeren Wert in der Matrix mit den Zahlenpaaren angekreuzt.

Die Erkenntnisse liefern wichtige Grundlagen für die Marketing-Strategie

Nun zählen Sie für jede Nummer die gesetzten Kreuze. Der Wert mit den meisten Kreuzen bekommt die höchste, der mit den wenigsten Kreuzen die niedrigste Priorität. Auf diese Weise erhalten Sie Ihre persönliche Prioritätenliste und damit Ihre Wertehierarchie in Bezug auf die Werte zum gewählten Thema. Dies ist dann der Ausgangspunkt für die weiteren Überlegungen zur Positionierung im gewählten Beratungsmarkt. Wichtig ist auch zu beachten, inwieweit sich Ihre Werte in Ihren Kompetenzen, Ihren Erfahrungen, Ihren Qualifikationen, Ihrer gewählten Zielgruppe und Ihrem Angebot an diese Zielgruppe widerspiegeln. Darüber hinaus sind diese Erkenntnisse dann auch wichtige Grundlagen für die Marketing-Strategie, die Darstellung und Kommunikation Ihres Angebots an potenzielle Kunden.

4.4.2 Meine Mission

Ziel des MissionsKompass ist, mehr Klarheit über die eigenen Motive der Entscheidung über die Selbstständigkeit und die persönliche „Mission", die mit den bisherigen Entscheidungen zur beruflichen Entwicklung verbunden ist, zu erhalten. Diese Mission ist den meisten Menschen nicht unmittelbar bewusst, kann aber durch eine systematische Selbstreflexion ans Tageslicht befördert werden. Mit dem MissionsKompass soll also die eigene Mission hinter dem Handeln bewusst und sichtbar werden, damit diese ebenso bewusst in das individuelle Profil als Berater mit einfließen kann. Ausgehend von konkreten Situationen werden noch einmal Kompetenzen, Werte und die jeweilige

Rolle beleuchtet. Die Übung ergänzt also die bisherige Arbeit rund um die eigenen Kompetenzen und Werte und fasst sie letztlich zusammen.

Schritt 1: Der MissionsKompass aus meiner Sicht

Zuerst erinnern Sie sich an vier Situationen, zwei aus dem privaten und zwei aus dem beruflichen Bereich, in denen Sie sich besonders kompetent und wohlgefühlt haben. Es sollten Situationen sein, in denen Sie große Teile Ihres Potenzials nutzen konnten und erfolgreich gehandelt haben. Diese vier Situationen werden nun mit den wesentlichen Stichworten im Arbeitsblatt 1 (s. Abb. 4.5) in der Spalte „Situation" festgehalten. Betrachten Sie nun jede Situation einzeln und überlegen Sie, welche Kompetenzen Sie in dieser spezifischen Situation gezeigt haben: Welches Verhalten war Ihnen besonders wichtig? Welches Wissen haben Sie genutzt, um die Situation gut zu meistern? Welche Fähigkeiten im sozialen, fachlichen, methodischen oder persönlichen Bereich waren wichtig? Die wesentlichen Kompetenzen halten Sie im Arbeitsblatt fest (Stichwort: Kompetenzen). In analoger Weise verfahren Sie dann für die Bereiche „Werte" und „Rolle".

Abb. 4.5: Arbeitsblatt 1 MissionsKompass

Arbeitsblatt 1: Zuerst werden vier ressourcenvolle Situationen ausgewählt und aus Sicht des Coachs beschrieben.

Situation Ort, Anlass, Personen, Dauer etc.	**Kompetenzen** z.B . Wissen, Verhalten, soziale, fachliche und methodische Fähigkeiten, Motivation etc.	**Werte** z.B. Anerkennung, Einfluss, Wissen, Leistung, Kooperation, Neugier, Respekt, Toleranz, Freiheit etc.	**Rolle** z.B. Dozent, Mitarbeiter, Teammitglied, Vorgesetzte, Freund, Partner, Experte, Kollege, Helfer, Kritiker etc.
Situation 1:			
Situation 2:			
Situation 3:			
Situation 4:			

Schritt 2: Der MissionsKompass aus der Sicht von ...?

Nehmen Sie nun das Arbeitsblatt 2 (siehe Abb. 4.5), welches im Grund identisch ist mit dem ersten Arbeitsblatt. Es wechselt allerdings die Perspektive: Dazu überlegen Sie sich – entweder für alle vier Situationen oder für jede Situation einzeln – eine Person, die Sie in der Situation erleben konnte. Idealerweise wäre das eine Person, die Ihnen nahesteht und Sie gut kennt oder Ihnen wohlgesonnen ist. Die bei Ihnen in der Situation beobachteten Kompetenzen sollen nun aus der Perspektive dieser Person (eines außenstehenden Beobachters) beschrieben werden: Was waren die beobachtbaren Kompetenzen in der jeweiligen Situation? Welche Werte könnte der Beobachter hinter dem Verhalten vermuten? Welche Rolle nahmen Sie aus der Perspektive des Beobachters ein?

Als Ergebnis erhalten Sie nun zwei – aus unterschiedlichen Perspektiven – ausgefüllte Arbeitsblätter, die auf dieselben vier Situationen schauen.

Abb. 4.5: Arbeitsblatt 2 MissionsKompass

Arbeitsblatt 2: Für das Arbeitsblatt 2 werden exakt die gleichen Situationen genutzt und aus der Perspektive einer dritten Person beschrieben.

Situation Ort, Anlass, Personen, Dauer etc.	**Kompetenzen** z.B . Wissen, Verhalten, soziale, fachliche und methodische Fähigkeiten, Motivation etc.	**Werte** z.B. Anerkennung, Einfluss, Wissen, Leistung, Kooperation, Neugier, Respekt, Toleranz, Freiheit etc.	**Rolle** z.B. Dozent, Mitarbeiter, Teammitglied, Vorgesetzte, Freund, Partner, Experte, Kollege, Helfer, Kritiker etc.
Situation 1 aus Sicht von ....:			
Situation 2 aus Sicht von ....:			
Situation 3 aus Sicht von ....:			
Situation 4 aus Sicht von ....:			

Schritt 3: Ergebnisauswertung

Der dritte Schritt führt die Ergebnisse der beiden Arbeitsblätter zusammen, sodass Sie nach Mustern suchen können: Welche Kompetenzen wurden immer wieder genannt? Welche Werte kommen häufig vor oder lassen sich eventuell sogar unter dem Dach eines übergeordneten Wertes zusammenfassen? Zeigen die genannten Werte eine gemeinsame Richtung an? Welches scheinen die bevorzugten Rollen zu sein? Inwieweit waren diese Rollen zur Bewältigung der Situation wertvoll? Was ist der gemeinsame Nenner der verschiedenen Rollen? Gibt es eine Rolle, unter der man die anderen wesentlichen Rollen subsumieren kann? Was macht diese übergeordnete Rolle so wertvoll? Diese Art der Auswertung ist ein iterativer Prozess zwischen Brainwriting und Verdichtung, der am besten sogar im Dialog mit einer dritten Person (Coach) vollzogen wird, damit immer deutlichere Muster hervortreten. Die Verdichtung der zentralen Werte und Rollen führt dann zu einem zentralen Motiv oder einem zentralen Antreiber – in anderen Worten: zur Mission.

Die Verdichtung der zentralen Werte und Rollen führt zur Mission

Diese Mission, zusammen mit den persönlichen Erfahrungen, Werten, Kompetenzen etc., sollte dann zusammen mit dem Wissen über den Markt, die Zielgruppe und deren Bedürfnisse zu einem einzigartigen Profil verdichtet werden, welches einen als Coach und Berater vom eingangs beschriebenen statistischen Coach unterscheidet.

Coach-Canvas 4.5

Die Informationen aus diesem Kapitel zeigen uns, dass die meisten unserer Mitbewerber im Markt über eine solide Beratungsweiterbildung verfügen, sich regelmäßig fortbilden und in aller Regel als Freiberufler oder Selbstständige am Markt auftreten, die häufig den Aufwand einer umfassenden Evaluierung ihrer Arbeit scheuen. All das sollten Aspekte sein, die in Ihren Business-Plan mit einfließen können. Zusätzlich sollte die Einzigartigkeit des eigenen Profils als Coach und Berater deutlich werden. Dazu gilt es, sich über seine eigenen Werte und seine Mission im Klaren zu sein (s. Abb. 4.6, S. 90).

- Wie unterscheidet sich Ihre Qualifizierung von den „üblichen" Coaching-Weiterbildungen?

▶ Beachten Sie, dass Klienten Ihre Qualifizierung allgemein oft wenig interessiert. Sie wird erst dann interessant für die Klienten, wenn sich ein besonderer Nutzen für Ihre Zielgruppe ergibt.

- Dabei ist es zunächst unwesentlich, ob es sich um ein tiefenpsychologisches Konzept des 19. Jahrhunderts, eine systemische Ausbildung des 20. Jahrhunderts oder um eine Ausbildung zum Virtual-Reality-Coach des 21. Jahrhunderts handelt. Wichtig ist, dass eine klare Fokussierung erkennbar wird, dass diese Fokussierung Ihre Klienten in einer besonderen (!) Art und Weise

Abb. 4.6: Coach-Canvas

<table>
<tr><th colspan="6">Ich als Coach</th></tr>
<tr><td>Demografie</td><td>Berufs-erfahrung</td><td>Qualifikationen</td><td>Coaching-spezifische Ausbildungen</td><td>Kompetenzen</td><td>Werte</td></tr>
<tr><td colspan="3">Meine Mission</td><td colspan="3">Soziale Ressourcen und Unterstützung</td></tr>
</table>

unterstützt und dass diese Form der Unterstützung einen klaren Nutzen für die Klienten ermöglicht.
- Coachs, die mit den immer gleichen Schlagworten zu ihrer Ausbildung und ihrem Erfahrungshintergrund werben, schaffen damit weder ein eigenes Profil, noch ein hilfreiches Unterscheidungsmerkmal zur Beraterauswahl durch die Kundschaft.
- Neben dem fachlichen Angebot ist auch immer das individuelle Profil als Coach und Berater ausschlaggebend für die Positionierung im Markt.

▶ Welche Ihrer beruflichen Erfahrungen heben Sie von anderen Coachs ab? Auf welche Art und Weise sind Sie „anders" als die anderen Coachs? Was fällt Ihnen spontan ein?

▶ Welche Erkenntnisse aus Ihrem Kompetenz-Profil (s. Kap. 2) sind ungewöhnlich und nicht bei 80 Prozent Ihres Wettbewerbs zu finden?

- Schauen Sie sich noch einmal die statistischen Merkmale von Coachs an: Wo gibt es Unterschiede zu Ihrer Person? Inwiefern können diese Unterschiede zum Teil Ihres persönlichen Profils als Coach werden?
- Inwiefern haben diese Unterschiede für eine ausgewählte Zielgruppe einen besonderen Wert oder potenziellen Nutzen?

▶ Was sind Ihre zentralen Werte? Was ist Ihre Mission?

▶ Welche anderen Formen des Marktauftritts gibt es für Sie, außer als Freiberuflerin oder Selbstständiger?

- Erinnern Sie sich daran, dass Coachs nicht vom Coaching allein leben: Vielleicht ergeben sich hier schon Möglichkeiten der Kooperation mit anderen Menschen, die ebenfalls als „Coach plus X" (was auch immer ihr anderes Thema sein mag) mit Ihnen am Markt auftreten wollen – und sei es nur als GbR (Gesellschaft bürgerlichen Recht – eine einfach zur gründende Personengesellschaft, die dennoch gewisse Pflichten beinhaltet und daher erst nach einer fachlichen Beratung gegründet werden sollte).
- Durch ein gemeinsames Auftreten mit anderen Coachs am Markt können die Anforderungen an ein erfolgreiches Unternehmen besser abgedeckt werden. Welche Kompetenzen des Teams in den Bereichen inhaltliche Ausrichtung, Fachkompetenz, Marketing, IT, Finanzen, Organisation und Kundenakquise können dadurch besser abgedeckt werden?

- Wie können Sie die Ergebnisse Ihrer Arbeit glaubwürdig belegen? Welche Dienstleister können Sie dafür nutzen, Ihren Auftraggebern eine nachvollziehbare Wirksamkeit darzustellen?

- Welche anderen Kompetenzen für ein erfolgreiches Business werden von Ihnen bzw. Ihren Geschäftspartnern noch nicht abgedeckt?
  - Welche weiteren externen Partner brauchen Sie oder könnten Sie gebrauchen?
  - Denken Sie auch an Steuerberatung, IT, Marketing, Rechtsberatung etc. Solche Partner müssen nicht immer eingekauft werden, sondern es können sich auch Synergien in der Kooperation von Selbstständigen ergeben (Netzwerk).

Literatur & Quellen

- Middendorf, J. (2004). Wertehierarchie als Methode im Coaching. In: C. Rauen (Hrsg.), Coaching-Tools I (S. 173-178). Bonn: managerSeminare.
- Middendorf, J. (2007). Missionskompass. In: C. Rauen (Hrsg.), Coaching-Tools II (S. 178-184). Bonn: managerSeminare.
- Middendorf, J. & Ritter, M. (2021). Coaching-Branche: Zur Professionalisierung gezwungen, Organisationsberatung – Supervision – Coaching, 28(2), S. 211-224. https://doi.org/10.1007/s11613-021-00700-z.

5.

Das Geschäft: Coaching-Honorare und Themen

In diesem Kapitel lesen Sie

Überlegungen zum Honorar sind für das Coaching-Business nicht ganz unwichtig. Was bei der Festlegung des Honorars bedeutsam ist, welche Faktoren es beeinflussen und wie aktuell die Honorarlage aussieht, beschreibt das folgende Kapitel.

- Coachs müssen das Konzept der Opportunitätskosten verstehen.
- Honorare ergeben sich vor allem durch die Positionierung des Coachs.
- Spezialisierung an sich führt noch nicht zu höheren Honoraren.
- Die zentralen Themen im Coaching sind seit längerer Zeit unverändert – trotz Pandemie.

Honorar und Einkommen

Am Anfang des Coaching-Business steht selten die Überlegung nach dem Honorar, das man durch diese Tätigkeit einnehmen kann. Auch haben wir schon bei der Betrachtung des Markts festgestellt, dass der Coach nicht vom Coaching allein lebt. Vielmehr ist Coaching immer nur ein Teil des Leistungsangebots eines Coachs. Das liegt unter anderem daran, dass es viel einfacher ist, mit anderen Dienstleistungen zeitoptimiert sein Geld zu verdienen. Dazu möchte ich folgendes Beispiel geben: Nehmen Sie an, dass Sie pro Stunde Coaching 200 Euro Honorar erhalten. Sie haben am Montag einen Coaching-Termin mit einem Klienten vereinbart. Das Coaching dauert zwei Stunden, Sie haben also 400 Euro an Honorar verdient. Am Nachmittag hat sich noch ein Klient angemeldet, sodass Sie am Ende des Tages 800 Euro eingenommen haben. Am Dienstag läuft es noch besser und Sie nehmen insgesamt 1.000 Euro ein. Das Geschäft läuft, oder? Nehmen wir nun an, dass Sie am Montag kein Coaching durchführen würden, weil Sie einen Auftrag für ein Konfliktmanagement-Seminar von zwei Tagen angenommen haben. Sie erhalten einen Tagessatz von 1.600 Euro und verdienen so an den beiden Tagen 3.200 Euro. Das geht aber nur, wenn Sie dieses erste Coaching nicht angenommen haben.

Die unterschätzten Opportunitätskosten des Coachings

Stellt man diese beiden Szenarien gegenüber (s. Abb. 5.1, S. 96), so hätten Sie durch das Coaching auf der einen Seite zwar 1.800 Euro an den beiden Tagen verdient, aber auf der anderen Seite hätten Sie auch sogenannte Opportunitätskosten in Höhe von 1.400 Euro mit dem Coaching verursacht. Mit Coaching an einem Tag 1.600 Euro zu verdienen ist ziemlich schwer. Wir sitzen nicht in unseren Coaching-Praxen und ein Klient nach dem nächsten kommt zur Tür herein, so wie das in der Regel bei Ärzten oder Psychotherapeuten der Fall ist. Aus diesem Grund darf Coaching gar nicht einen zu großen Anteil an unseren Gesamttätigkeiten einnehmen. Die Opportunitätskosten wären für den Coach auf Dauer zu hoch.

Die Folgen von Opportunitätskosten durfte ich im ersten Jahr meiner Selbstständigkeit am eigenen Leib erleben. Ich hatte einen großen Kunden akquirieren können, der mich stark ausgelastet hat. Der Tagessatz war nicht besonders gut, aber ich war sehr gut beschäftigt und

Montag	Dienstag
Coaching Std.-Satz 200 Euro	
09:00 Uhr	
10:00 Uhr	10:00 Uhr
	11:00 Uhr
14:00 Uhr	14:00 Uhr
15:00 Uhr	15:00 Uhr
	16:00 Uhr
4 Std.	**5 Std.**
800 Euro	1.000 Euro
Summe:	**1.800 Euro**

Montag	Dienstag
Konfliktseminar Tagessatz 1.600 Euro	
09:00 Uhr	09:00 Uhr
16:00 Uhr	16:00 Uhr
8 Std.	**8 Std.**
1.600 Euro	1.600 Euro
Summe:	**3.200 Euro**

Die zwei Tage Coaching haben Opportunitätskosten von 1.400 Euro verursacht!

Abb. 5.1: Opportunitätskostenrechnung

Geld kam in die Kasse. Durch die zeitliche Bindung durch den Kunden konnte ich allerdings andere, finanziell attraktivere Kunden nicht bedienen. Die Folge am Ende des Jahres: Ich war erschöpft und mein Jahreseinkommen durchaus überschaubar. Als Konsequenz habe ich mich im zweiten Jahr von diesem Kunden verabschiedet, da sich ein höherer Tagessatz nicht aushandeln ließ. Das Ergebnis des zweiten Jahres war, dass ich viel weniger gearbeitet, aber fast doppelt so viel verdient hatte.

Das stundenweise Abrechnungsmodell: verbreitet, aber problematisch

Der Grund für die hohen Opportunitätskosten, die beim Coaching entstehen können, liegt im stundenweisen Abrechnungsmodell der Branche. Auch nach über 25-jähriger Geschichte der Coaching-Profession in Deutschland werden die meisten Coachings noch nach Stunden abgerechnet. Seit dem Auftreten der Digital Coaching Provider gibt es zum Teil sogar halbstündige Einheiten. Über 65 Prozent der Coachs geben für das Jahr 2021 an, ihr Honorar in Stunden abzurechnen. Nur 15 Prozent rechnen nach Tages- oder Halbtagessätzen ab und nur 13,6 Prozent rechnen Coaching als Projekt ab. Dabei ist der durchschnittliche Stundensatz bei der Stundenabrechnung am niedrigsten und steigt über die Tagessatzabrechnung bis zur Projektabrechnung stetig an.

Wie kommt es dazu, dass in der Coaching-Branche immer noch so verbreitet auf Stundenhonorare gesetzt wird? Hier hilft ein Blick in die Geschichte von Coaching. Coaching hat drei wesentliche Quellen: Leistungssport, Management-Beratung und Psychosoziale Beratung. Vereinfacht gesagt, kommen aus dem Leistungssport der Fokus auf Topleistungen, der personalisierte Ansatz sowie die Betonung der mentalen Prozesse für eine Leistungssteigerung. Aus der Management-Beratung kommen der Fokus auf professionelle Themen im Coaching, die individuelle Förderung von Leistungsträgern im Business sowie die Ressourcenorientierung. Aus der Psychosozialen Beratung kommen die Menschenzentrierung (der ganze Mensch), die Interventionen und Methoden psychotherapeutischer Schulen sowie die Stundensätze als Honorarbasis.

Das Modell der Stundensätze verdankt Coaching dem psychosozialen Bereich

Keine Management-Beratung würde ein Projekt im Unternehmen auf Stundenbasis abrechnen. Es würde immer eine Projektsumme verhandelt, die dann auf Tagessätze heruntergebrochen wird. Das wäre im psychosozialen Bereich wohl kaum bezahlbar, daher die Stundensätze. Leider wurde für das Coaching das Honorarmodell aus dem psychosozialen Bereich übernommen und nicht das Bezahlmodell aus der Management-Beratung. Und da anfänglich viele Coaching-Weiterbildner aus dem psychosozialen Bereich kamen, haben sie die Idee der Stundensätze an Generationen von Coachs weitergegeben – bis heute. Mittlerweile haben sich auch die Kunden im Business an die Stundensätze gewöhnt und es ist relativ schwer, sie davon zu entwöhnen. Würde man die Dienstleistung Coaching an ihrem Wert für den Klienten (z.B. den Manager und den Erhalt seiner Leistungsfähigkeit) und für den entsprechenden Auftraggeber (z.B. das Unternehmen, welches keine Recruiting-Kosten für einen neuen Manager aufbringen muss) messen, dann wäre eine entsprechende Projektsumme die angemessenere Bezahlungsweise.

Die (andere) Geschichte mit dem Hammer

Herr Schmidt hatte ein Problem mit seiner Heizung, die nicht richtig lief und zu wenig Wärme erzeugte. Er rief den Heizungsbauer Herrn Peters an, der auch sofort kam. Herr Peters sah sich die Heizungsanlage an, den Kessel, den Brenner, die Leitungen. Er fühlte an der ein oder anderen Stelle, nahm dann einen Hammer und schlug beherzt einmal auf die Heizungsanlage. Die Heizung lief wieder und es wurde augenblicklich warm. Zwei Tage später erhielt Herr Schmidt die Rechnung über 300 Euro, was ihm ein wenig viel vorkam. Daher verlangte er von Herrn Peters eine detaillierte Kostenaufstellung. Herr Schmidt schickte ihm folgende Aufstellung: Anfahrt: 50 Euro, Hammerschlag: 5 Euro, Wissen, wo und wie fest der Schlag zu erfolgen hat: 245 Euro.

Die ursprüngliche Quelle der Geschichte (die vom Titel her an die berühmte Geschichte von Paul Watzlawick erinnert) ist unbekannt. Hier wiedergegeben nach der Erzählung meines Vaters, eines Heizungsbaumeisters.

5.1.1 Das Honorar und der Gender-Pay-Gap

Die Coaching-Umfrage Deutschland erfasst den Stundensatz seit nun 20 Jahren. Dennoch ist es nicht so einfach, den durchschnittlichen Stundensatz zu benennen. Für das Jahr 2021 war der „gewichtet gemittelte" Stundensatz zum Beispiel 158,45 Euro. Doch was genau bedeutet dieser Wert und wie wird er erhoben? Gewichtet gemittelt meint, dass für jeden Teilnehmenden die Anteile von unternehmens-

Abb. 5.2: Stundensätze, unternehmensbezahlt (gewichtet gemittelt) für 2020 und 2021

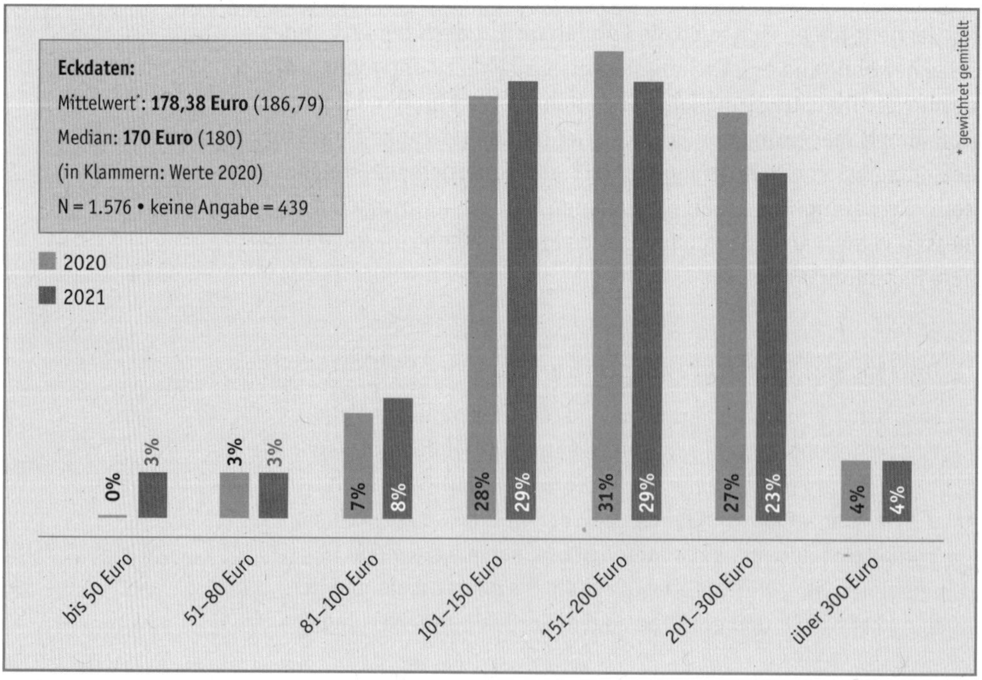

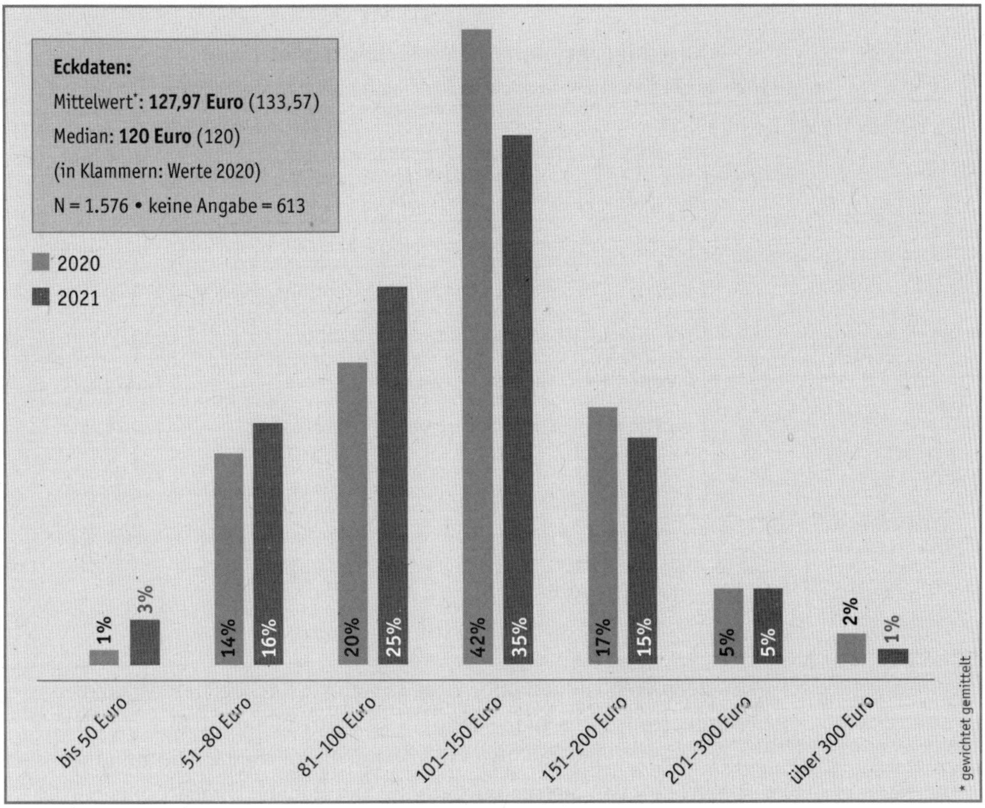

Abb. 5.3: Stundensätze, privat bezahlt (gewichtet gemittelt) für 2020 und 2021

bezahltem Coaching (s. Abb. 5.2, S. 98) für sowohl berufliche wie private Themen mit dem unternehmensbezahlten Stundensatz multipliziert und die Anteile von privat bezahltem Coaching (s. Abb. 5.3) für sowohl berufliche wie private Themen mit dem privat bezahlten Stundensatz multipliziert werden. Da Coaching zu beruflichen vs. privaten Themen sowie unternehmens- vs. privat bezahltes Coaching jeweils 100 Prozent ergeben, werden für jeden einzelnen Coach die tatsächlich gezahlten privaten und vom Unternehmen bezahlten Stunden errechnet und erst danach über alle befragten Coachs gemittelt.

Würde der Stundensatz nicht gewichtet gemittelt, würden wir mit dem einfachen durchschnittlichen Stundensatz einfach den Mittelwert der angegebenen Stundensätze für Unternehmen und für Privatzahler abbilden, ohne deren Anteil am Gesamthonorar für einen Coach zu berücksichtigen. Um einen besseren Eindruck zu bekommen, sind folgende durchschnittliche Honorare ebenfalls wichtig (s. Kasten auf der Folgeseite):

Verschiedene, durchschnittliche Stundensätze

Durchschnittlich gewichteter Stundensatz	**158,75 Euro**
Durchschnittl. Stundensatz der männlichen Coachs	**172,88 Euro**
Durchschnittl. Stundensatz der weiblichen Coachs	**148,55 Euro**
Durchschnittl. Stundensatz unternehmensbezahlt, Männer	**189,26 Euro**
Durchschnittl. Stundensatz unternehmensbezahlt, Frauen	**170,26 Euro**
Durchschnittl. Stundensatz privat bezahlt, Männer	**138,04 Euro**
Durchschnittl. Stundensatz privat bezahlt, Frauen	**120,95 Euro**
Der Median der unternehmensbezahlten Stundensätze	**170,00 Euro**
Der Median der privat bezahlten Stundensätze	**120,00 Euro**

(Durchschnittswert = Arithmetisches Mittel, Median = der Wert, der genau in der Mitte einer Datenverteilung liegt ▶ 50% der Werte sind kleiner und 50% sind größer als der Median)

Zu bedenken ist auch hier, dass es sich bei den meisten Angaben um durchschnittliche Werte handelt, seien sie nun gewichtet gemittelt oder auch nicht. Im Einzelfall können die Werte nach unten und oben stark von diesem Durchschnitt abweichen. Immerhin geben 21 Prozent der Coachs an, über 200 Euro pro Stunde zu nehmen. Auch gibt es 23 Prozent der Coachs, die weniger oder bis maximal 100 Euro nehmen. Solch niedrige Stundensätze funktionieren nur, wenn man Coaching wirklich nebenher betreibt und nicht als einen wichtigen Teil seines Einkommens benötigt. Wenn Sie also zum Beispiel fest angestellt sind, ein regelmäßiges Gehalt beziehen, durch Ihren Arbeitgeber sozialversichert sind und neben dieser Tätigkeit noch das eine oder andere Coaching durchführen. Mit anderen Worten, hier steht die Tätigkeit im Mittelpunkt und nicht die Notwendigkeit eines profitablen Coaching-Business. Was immer mitbedacht werden will: Der selbstständige Coach muss eigenständig die Kosten tragen – und deshalb erwirtschaften –, die der Arbeitsgeber dem Angestellten finanziert: Sozialversicherung, Weiterbildungskosten und so weiter.

Gründe für den Gender-Pay-Gap

Schaut man die Unterschiede zwischen Männern und Frauen an, so fällt auf, dass es dort systematische Unterschiede gibt. Mit einer vorschnellen Interpretation sollte man allerdings vorsichtig sein. Die Unterschiede zwischen Frauen und Männern in den Honoraren korrelieren nämlich noch mit weiteren Faktoren. So sind zentrale Faktoren für das Honorar, ob Coaching eher von Unternehmen oder von Privatleuten bezahlt wird, ob man Coaching in Stunden oder Tagessätzen abrechnet, inwieweit Lebensalter, Berufstätigkeitsdauer als Coach und Voll- oder Teilzeitarbeit einfließen. Die Richtung der Unterschiede kann man sich fast denken: Das Honorar ist durchschnittlich umso höher, je mehr es von Unternehmen bezahlt wird, man sich mit beruflichen Themen beschäftigt, man Tagessätze berechnet, über langjährige Berufserfahrung als Coach verfügt und Vollzeit arbeitet. Und genau in diesen Dimensionen unterscheiden sich eben auch Männer von Frauen.

Gleichzeitig erklären diese Faktoren nicht den gesamten Unterschied in der Honorierung von weiblichen und männlichen Coachs. Es bleibt also ein Gender-Pay-Gap (s. Abb. 5.4). Im Jahr 2020 ist der sogar negativ: Erstmals zeigt sich zwischen den gewichtet gemittelten Stundensätzen ein um drei Prozent höherer Stundensatz für weibliche Coachs. Allerdings dreht sich das Bild im Jahr 2021 wieder: zum Nachteil weiblicher Coachs (-14%). Dabei resultiert der Rückgang nicht so sehr durch eine Erhöhung der Stundensätze der männlichen Coachs, sondern durch einen deutlichen Rückgang der Stundensätze weiblicher Coachs.

Abb. 5.4: Stundensatz-Vergleich männlicher und weiblicher Coachs (gewichtet gemittelt, 2020 und 2021)

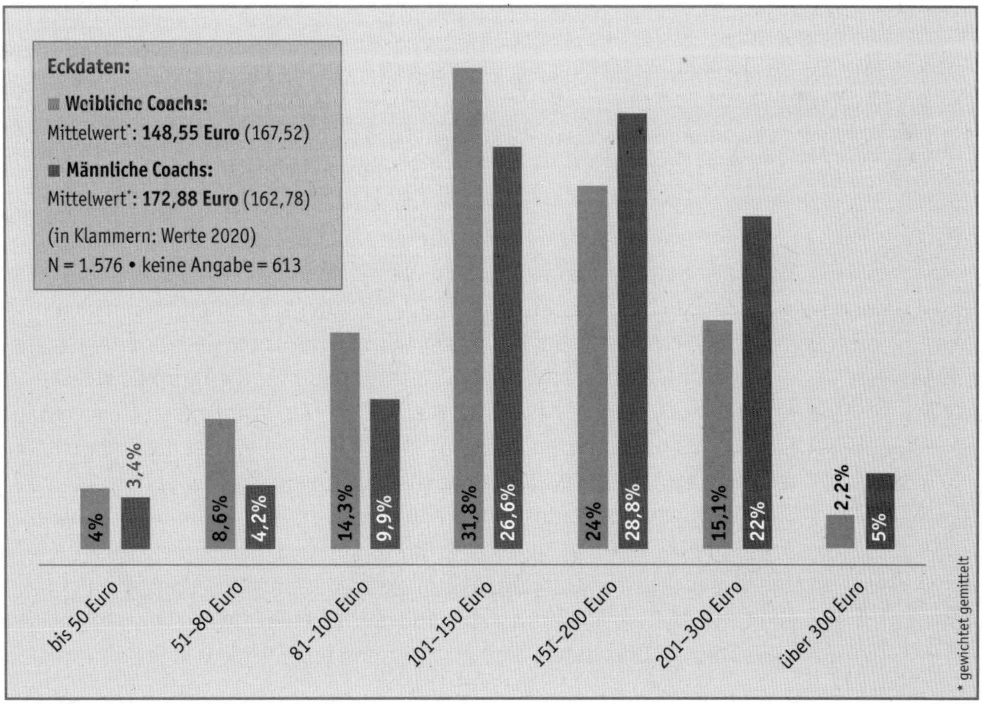

Ein wichtiger Faktor ist dabei der Rückgang der unternehmensbezahlten Stundensätze von 187 Euro (2020) auf 178 Euro (2021) – also um 4,5 Prozent. Auch hier gibt es einen Unterschied zwischen den Geschlechtern. Die Stundensätze weiblicher Coachs fallen um 10,8 Prozent von 191 Euro auf 170 Euro, während die Stundensätze ihrer männlichen Kollegen sogar um 3,8 Prozent von 182 Euro auf 189 Euro steigen.

Bei den privat bezahlten Stundensätzen zeigt sich ein ähnliches Bild: Sie sinken insgesamt von 134 Euro (2020) auf 128 Euro (2021), also um 4,2 Prozent. Die Stundensätze weiblicher Coachs fallen überproportional um 10,7 Prozent von 135 Euro auf 121 Euro, während die Stundensätze ihrer männlichen Kollegen auch hier steigen, um 4,7 Prozent von 132 Euro auf 138 Euro.

Insgesamt steigt der Anteil der beruflichen Themen bei den weiblichen Coachs auf 76,8 Prozent an, bleibt aber weiter hinter dem Anteil der männlichen Kollegen von 80,6 Prozent zurück. Männliche Coachs werden bei beruflichen Themen noch immer häufiger von Unternehmen bezahlt (76,6%) als ihre Kolleginnen (67,4%). Auch bei privaten Themen werden männliche Coachs deutlich häufiger von Unternehmen bezahlt (41,5%) als ihre Kolleginnen (28,7%).

Die Arbeitszeiten, als weiterer Faktor für das durchschnittliche Stundenhonorar, steigen 2021 im Vergleich zu den Vorjahren weiterhin an. Weibliche Coachs arbeiten nun mit 75,7 Prozent in Vollzeit und männliche Coachs arbeiten mit 81,1 Prozent in Vollzeit.

Die Honorarhöhe ist vor allem Ausdruck des eigenen Selbstverständnisses

Was machen wir nun mit all diesen Zahlen? Zuerst einmal sollte man sich bewusst darüber werden, dass es nicht den einen Faktor gibt, der das Honorar bestimmt. Die Festlegung des Honorars ist immer auch eine Frage der Positionierung! Es gibt keine Gebührentabelle für Coachs, aus der man das passende Honorar für die Tätigkeit ablesen kann. Neben der bewussten Auswahl der Zielgruppe, den Themen und des Abrechnungsmodells muss man genauso bewusst das Honorar (Tagessatz) festlegen. Vielleicht ist es Ihnen aufgefallen: Die Dauer und Länge der Coaching-Weiterbildung ist kein Faktor, der beim Honorar eine wesentliche Rolle spielt. Ihr Honorar ist vielmehr ein Ausdruck Ihres Selbstverständnisses als Coach: Betreiben Sie Coaching als „Hobby" und verlangen eine Aufwandsentschädigung von 50 Euro die Stunde? Oder sehen Sie sich als professionellen Coach, der eine qualitativ hochwertige Dienstleistung anbietet, die einen hohen Wert für Ihre Klienten hat und dementsprechend hoch entlohnt werden muss?

5.1.2 Einkommen der Coachs

Wie schon mehrfach betont, lebt der Coach nicht vom Coaching allein. Dennoch ist es interessant, sich anzusehen, wie viel der durchschnittliche Coach im Jahr verdient.

Die Verteilung der Einkommensklassen im Jahr 2021 (s. Abb. 5.5) zeigt, dass 25 Prozent der Coachs bei einem jährlichen Bruttoeinkommen bis 50.000 Euro liegen und 22 Prozent über ein Einkommen zwischen 50.000 bis 75.000 Euro verfügen. Damit stellen die Einkommensklassen bis 75.000 Euro annähernd die Hälfte der Befragten. Fast ein Drittel stellen die Einkommensklasse zwischen 75.000 bis 100.000 Euro (17%) zusammen mit der Einkommensklasse von 100.000 bis 150.000 Euro (12%). Spitzenverdiener zwischen 150.000 bis 200.000 Euro (5%) sowie oberhalb von 200.000 Euro (3%) stellen zusammen acht Prozent der Befragten.

Zu beachten ist, dass dabei der Anteil von Coaching am Jahreseinkommen bei durchschnittlich 30,4 Prozent (2021) liegt. Der Durchschnitt (das arithmetische Mittel) wird allerdings durch sogenannte Ausrei-

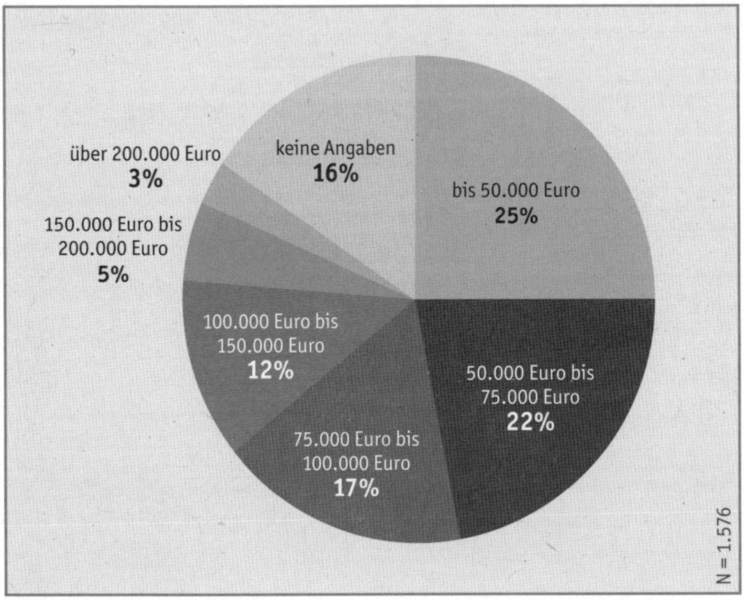

Abb. 5.5: Einkommensklassen 2021

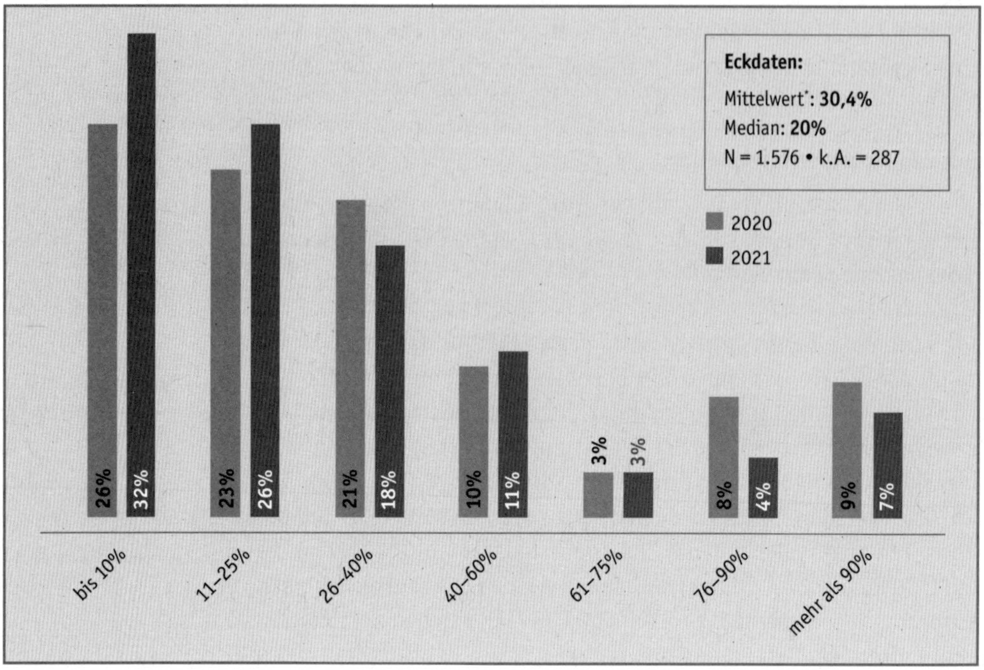

Abb. 5.6 (oben): Einkommensanteil Coaching am Bruttojahreseinkommen (2020 & 2021, in Prozent)

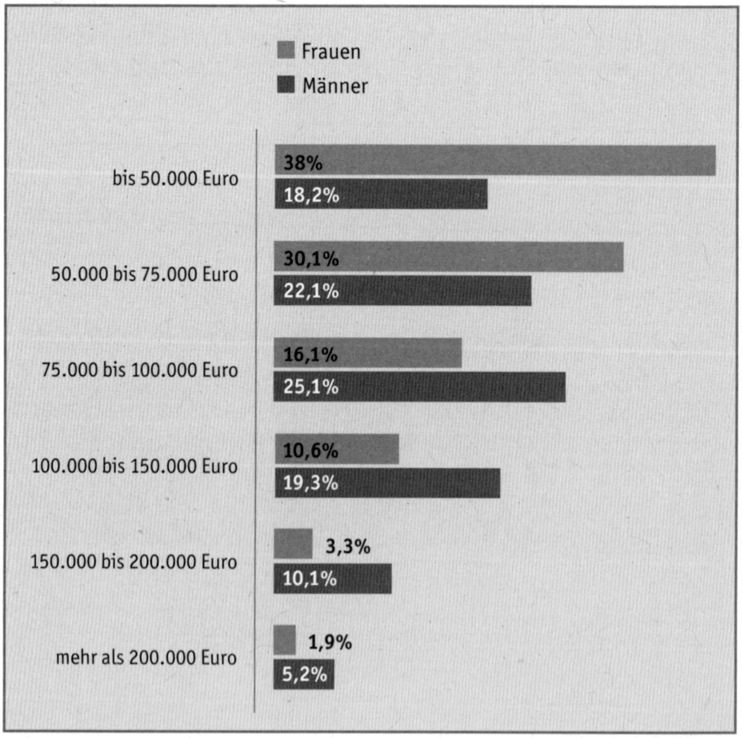

Abb. 5.7 (rechts): Verteilung der Einkommensklassen nach Geschlecht

ßer beeinflusst (z.B. besonders hohe oder niedrige Anteile einzelner Coachs). Im Einzelfall kann also der Einkommensanteil von Coaching deutlich vom Durchschnittswert abweichen. So liegt der Median der Verteilung der Einkommensanteile für Coaching bei 20 Prozent, was bedeutet, dass die Verteilung über die Einkommensklassen nicht gleich ist, sondern dass die unteren Einkommensklassen insgesamt stärker vertreten sind. Der Median von 20 Prozent sagt aus, dass die Hälfte der Befragten einen Einkommensanteil von Coaching bis 20 Prozent verzeichnen kann und die andere Hälfte der Befragten über 20 Prozent Einkommensanteil liegt (s. Abb. 5.6, S. 104).

Auch bei der Verteilung der Einkommensklassen gibt es Unterschiede zwischen Männern und Frauen (s. Abb. 5.7, S. 104).

Spezialisierung im Coaching 5.2

Fragt man einen Marketing-Berater, wie man sich am Markt positionieren soll, so wird einem in der Regel vermittelt, dass man sich spezialisieren muss. Je klarer das Profil, desto einfacher können einen Klienten finden, desto eher wird man als Expert:in wahrgenommen und kann entsprechend höhere Honorare verlangen. Diese Argumentationskette hört sich logisch an und lässt sich auch mit Beispielen (z.B. Prof. Lothar Seiwert als Zeitmanagement-Experte) untermauern.

Spezialisierung allein ist kein Garant für höhere Stundensätze

Doch wie sehen die Daten zu dieser Aussage im Coaching-Feld aus? Dazu haben wir in der 15. Coaching-Umfrage Deutschland (2016) explizit Daten erhoben und kamen zu einer etwas anderen Einschätzung: Spezialisierung im Coaching liefert nicht grundsätzlich nennenswerte Unterschiede in den Stundensätzen. Es kommt vielmehr vor allem auf die Art der Spezialisierung an. Die höchsten Stundensätze erbringt erwartungsgemäß das Coaching in der Executive-Ebene eines Unternehmens. Für das Coaching einer Studentin mit Problemen beim Setzen von Prioritäten im Studium wird man sicher kein fürstliches Honorar verlangen können. Die Spezialisierung auf die Executive-Ebene von Unternehmen geht allerdings darüber hinaus auch mit deutlich überdurchschnittlicher Berufserfahrung einher. Deutlich unterdurchschnittliche Stundensätze finden sich bei der Spezialisierung auf bestimmte Organisationsformen der Kunden, auf Life-Coaching sowie die thematische Spezialisierung. Eine Spezialisierung auf bestimmte Themen (z.B. Zeitmanagement) reicht also nicht für einen überdurchschnittlichen finanziellen Erfolg mit Coaching aus. Da braucht es wohl noch ein wenig mehr dazu (z.B. Vertriebs- und Marketing-Strategien).

Weibliche Coachs: auf Executive-Ebene besonders gut bezahlt

Vergleicht man die Spezialisierung nach Geschlechtern, kehrt sich der gewohnte Gender-Pay-Gap zu Lasten der weiblichen Coachs für bestimmte Spezialisierungen sogar um. So erhalten Frauen, die sich auf die sowieso schon überdurchschnittlich gut bezahlten Coachings auf der Executive-Ebene spezialisiert haben, durchschnittlich 26 Prozent mehr Honorar als ihre männlichen Kollegen. Die Spezialisierung an sich bringt also noch nicht unbedingt einen höheren Stundensatz. Die Fokussierung auf besonders gut zahlende Bereiche (Unternehmen) und Zielgruppen (Executive-Ebene) führt dann aber selbstverständlich auch zu überdurchschnittlichen Honoraren.

Damit soll keineswegs gesagt werden, dass eine Spezialisierung für Coachs keinen Sinn ergibt. Eine Spezialisierung erleichtert das Marketing, die eigene Positionierung und hoffentlich auch den Aufbau von Kompetenzen in diesem Bereich. Die Spezialisierung an sich bewirkt aber noch keinen Anstieg im Honorar. Das ist, wie wir oben bereits beschrieben haben, von vielfältigen Faktoren abhängig.

Coaching muss zum Produktportfolio passen, um echten Mehrwert zu stiften

Wichtiger als die thematische Spezialisierung könnte die Spezialisierung auf bestimmte Zielgruppen oder auch Coaching-Varianten sein. Es gibt ja nicht nur das Einzel-Coaching. Auch Teams oder Gruppen können Klienten sein. Manche Autoren sprechen sogar von Organisations-Coaching, wobei nicht immer klar ist, ob es sich hier noch um Coaching handelt oder ob es bereits vielmehr um Organisations- und/oder Kulturentwicklung geht. Letztlich muss das Coaching-Angebot aber vor allem zu dem gesamten Produktportfolio des Coachs passen. Wie wird zum Beispiel aus dem Angebot von Beratung und Coaching ein stimmiges Gesamtangebot, welches für die eigene Zielgruppe attraktiv ist? Wenn Coaching nicht die einzige professionelle Tätigkeit ist, so sollte es doch das Gesamtangebot für die eigene Zielgruppe abrunden und einen Mehrwert stiften. So kann die Change-Management-Begleitung für Organisationen eben dadurch abgerundet werden, dass man Betroffene im Veränderungsprozess als Berater und Moderator begleitet und andererseits einzelnen Führungskräften oder Teams als Coach zur Seite steht.

Dabei gilt es immer zu beachten, dass die Rolle als Coach mit möglichen anderen Rollen im Konflikt stehen könnte. Sollte sich so ein Rollenkonflikt aufgrund unterschiedlicher Tätigkeiten bei einem Kunden ankündigen, so verlangt es die eigene Professionalität, einen solchen Konflikt transparent zu machen und für den Kunden eine mögliche Alternative anzubieten. Oft ist es daher hilfreich, im Team aufzutreten, um eine Rolle zu einer Zeit bei einem Klienten vollkommen auszufüllen und ein anderes Teammitglied eine ergänzende Rolle ausfüllen zu lassen. So können die unterschiedlichen Bedürfnisse des Kunden befriedigt werden, ohne dass man selbst in Rollenkonflikte kommt. Jenseits dieser möglichen Rollenkonflikte aufgrund von verschiedenen Dienstleistungsangeboten des Coachs bleibt aber festzuhalten, dass Coaching als Leistungsangebot die sonstigen Angebote des Coachs sinnvoll ergänzen sollte und einen Mehrwert für potenzielle Klienten stiften soll.

Themen im Coaching 5.3

Betrachtet man nun die Themen im Coaching, so finden wir eine beeindruckende Kontinuität der Topthemen in den letzten Jahren, woran auch die Pandemie nicht viel geändert hat. Die bedeutendsten Themen blieben über die Jahre unverändert (s. Abb. 5.8, S. 108):

- Selbstreflexion, Abgleich Selbstbild–Fremdbild
- Neue Aufgaben, Führungsverantwortung, Funktionen, Positionen
- Persönlichkeits-/Potenzialentwicklung

Neun Topthemen bestimmen weiterhin drei Viertel der Coaching-Themen. Allerdings korrespondieren die Topthemen nicht mehr durchgehend mit überdurchschnittlichen Stundensätzen. Besonders hohe Stundensätze gingen im Jahr 2021 mit diesen Themen einher (s. auch Abb. 5.9, S. 109):

1. Outplacement (181,77 Euro)
2. New Work (177,67 Euro)
3. Führungskompetenzentwicklung (177,27 Euro)
4. Organisationsveränderungen, Change-Management (173,82 Euro)
5. Neue Aufgaben, Führungsverantwortung (171,86 Euro)

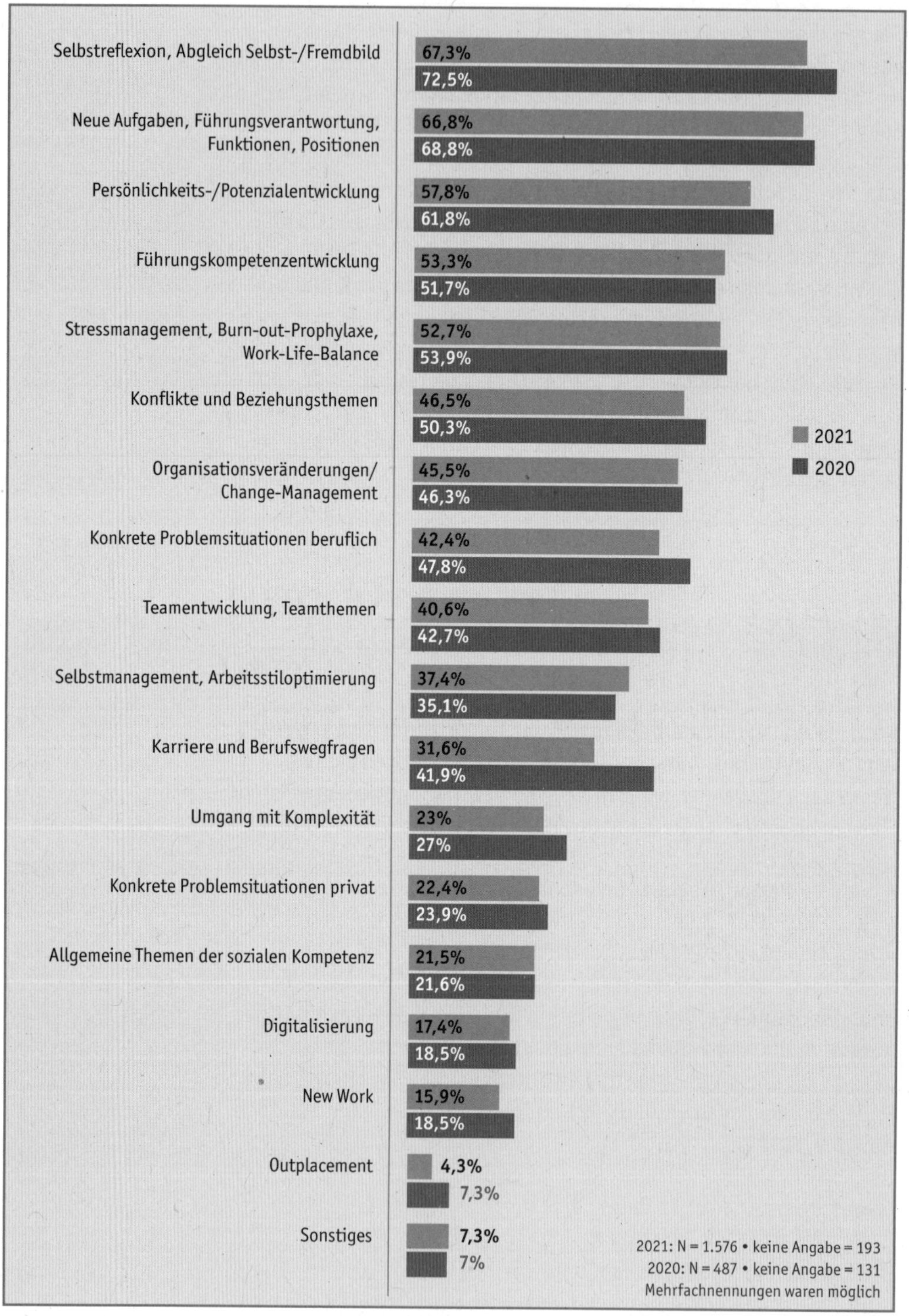

Abb. 5.8: Zentrale Themen im Coaching – Vergleich 2020 und 2021

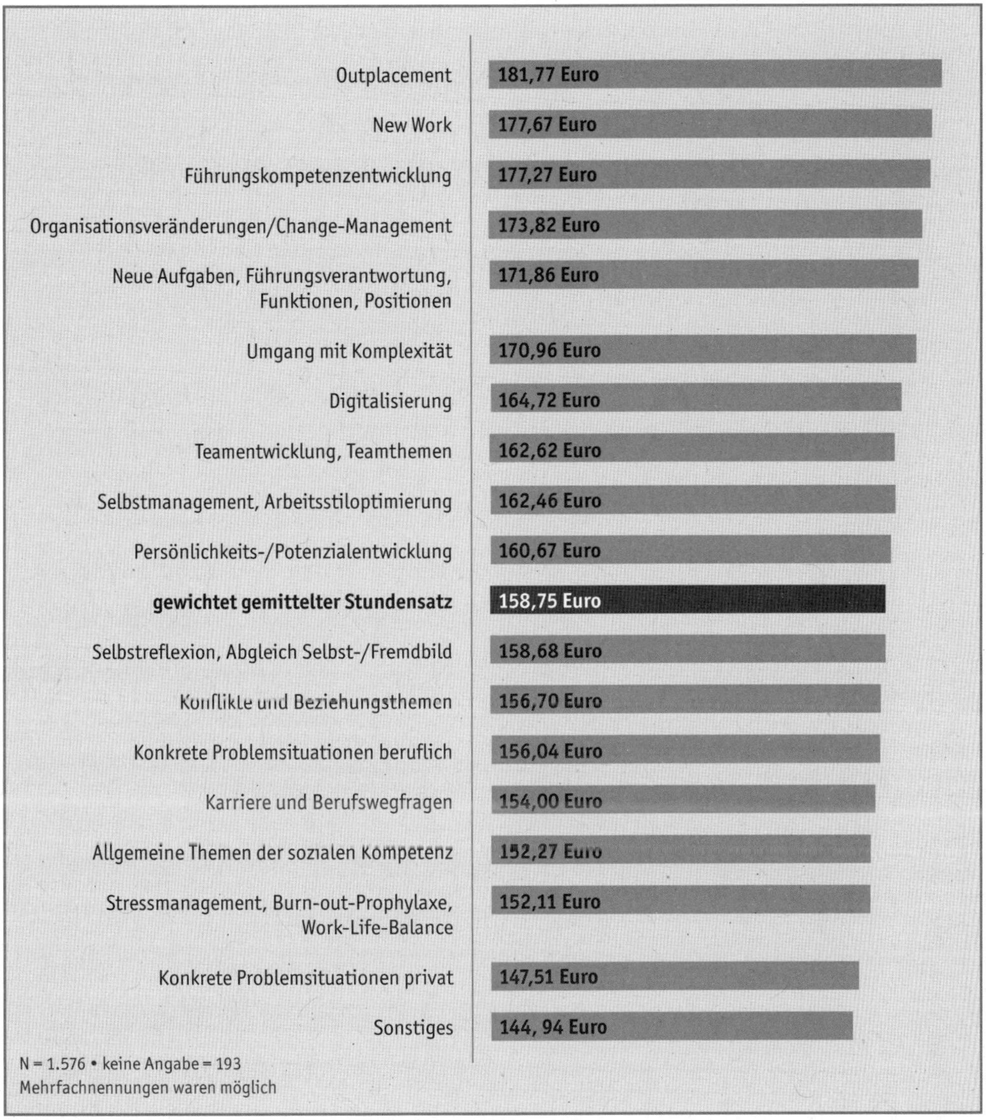

Abb. 5.9: Durchschnittlich erzielbare Stundensätze bei Coaching-Themen (2021)

Grundsätzlich überwiegen die beruflichen Themen im Coaching (79%) gegenüber den eher privaten Themen (21%). Dabei sind die Themenbereiche beruflich und privat nicht gleichzusetzen mit dem Auftraggeber für das Coaching. Beide Themenbereiche werden sowohl im Unternehmenskontext wie auch im Privatkontext abgefragt. So werden die beruflichen Themen zu 72 Prozent von Unternehmen bezahlt und zu 28 Prozent von Privatpersonen. Bei den privaten Themen dreht sich die Verteilung um. Nur 35 Prozent der privaten Themen werden von Unternehmen als Auftraggeber bezahlt, 65 Prozent werden hingegen von Privatpersonen bezahlt.

Abb. 5.10: Unterschiede in der Bedeutung der Themen nach Geschlecht

Abschließend schauen wir noch einmal die Unterschiede in der Bedeutung der Themen nach Geschlecht an (s. Abb. 5.10). Fällt Ihnen etwas auf?

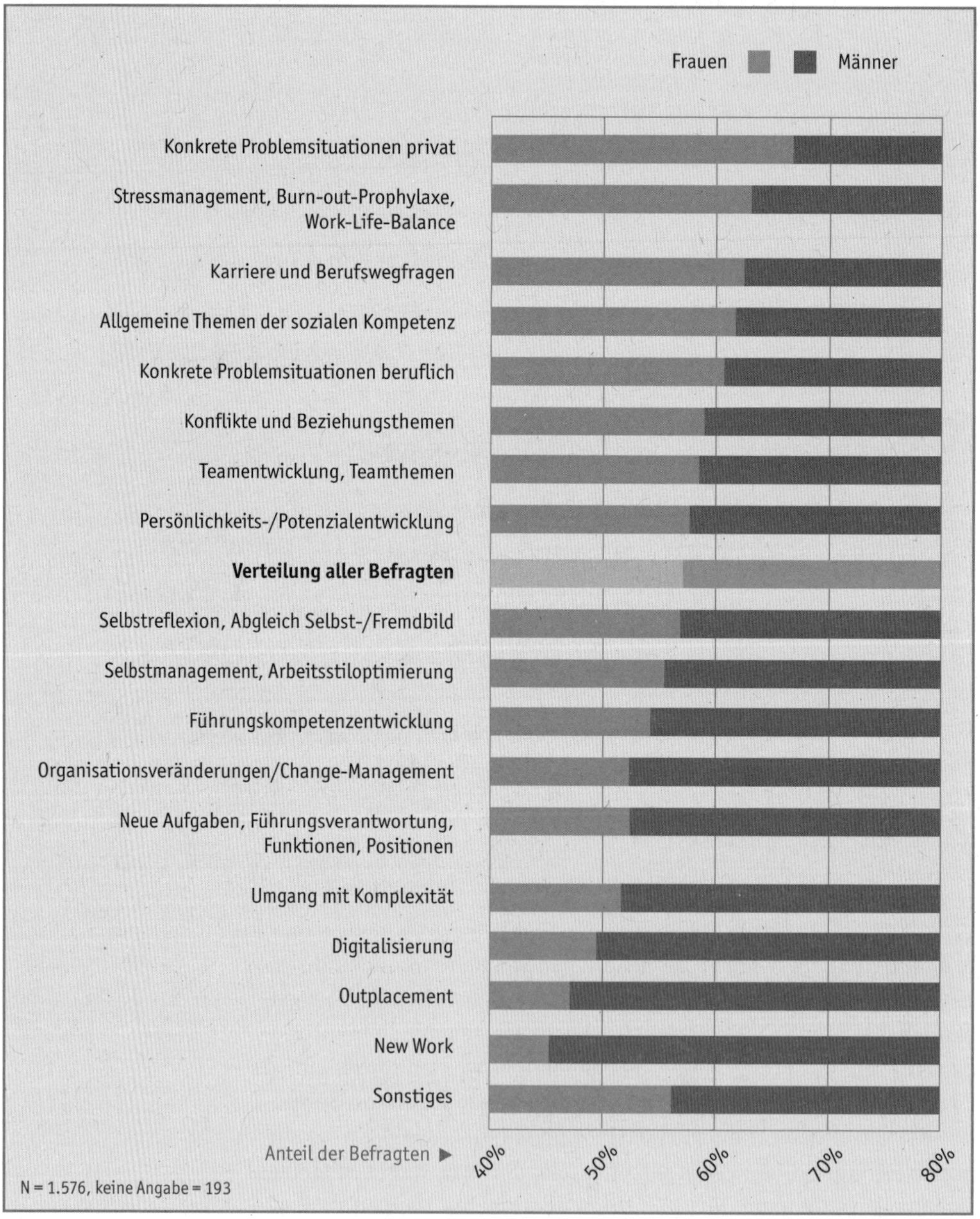

Honorar-Canvas 5.4

Coaching ist für Existenzgründer ein interessantes Zusatzgeschäft, aber nicht ihre Haupteinnahmequelle. Das Fazit dieses Kapitels ist damit identisch mit dem Fazit aus dem Kapitel 3 (Der Markt) dieses Buchs. Für die Hälfte aller Coachs liefert Coaching nur 20 Prozent ihres Jahreseinkommens, gleichzeitig herrscht im Coaching mit der stundenweisen Abrechnung der Leistung ein schwieriges Geschäftsmodell vor. Wie wollen Sie sich positionieren?

Diese Frage ist daher die entscheidende Frage auch im Bereich der Honorargestaltung (s. Abb. 5.11, S. 112). Da Coaching immer nur ein Zusatzgeschäft im Gesamtportfolio eines Existenzgründers sein kann, muss das Honorar zu der grundsätzlichen Zielgruppe des Existenzgründers passen und zu dessen sonstigen Tätigkeiten. Coaching ist eine immaterielle Dienstleistung. Die Honorare können nicht an scheinbar harten Fakten festgemacht werden (wie bei einem Produkt: Man kann nicht fünf Kilo Coaching kaufen). Sie werden durch eine Vielzahl unterschiedlicher, eher „weicher" Faktoren determiniert wie Reputation, Positionierung und so weiter. Sie sind relativ frei in der Gestaltung Ihres Honorars. Leitfragen zur Gestaltung können dabei sein:

Leitfragen zur Gestaltung des Coaching-Honorars

- Was ist für Ihre Zielgruppe ein üblicher Tagessatz für Beratungsleistungen?
- Was nehmen Sie für Ihre anderen Tätigkeiten an Honorar?
- Wie ergänzen sich Coaching und Ihre weiteren Tätigkeiten, um für den Kunden einen echten Mehrwert zu generieren?
- Was ist Ihr Selbstverständnis über die Qualität Ihrer Dienstleistungen? Spiegelt sich dieses Selbstverständnis in Ihrem Honorar wider?
- Ergeben Ihre Erfahrung, Ihre Qualifizierung, Ihr Angebotsportfolio mit Blick auf Ihre Zielgruppe ein stimmiges Gesamtbild?

Bei all diesen Fragen wird eine entsprechende Kompetenz des Coachs vorausgesetzt (s. Kap. 2: Kompetenzanalyse, S. 34) und bildet die Grundlage für ein seriöses Angebot an die Zielgruppe. Durch welche Marketing-Strategie und -Instrumente das Angebot an potenzielle Klienten kommt, wird nunmehr in Kapitel 6 näher betrachtet.

Einkommen	Themen	Zielgruppen	Honorar Coaching	Honorar Beratung
Angestrebtes Jahreseinkommen	Feldkompetenz	Marktübliche Tagessätze	Tagessatz	Tagessatz
Verteilung Coaching zu weiteren Tätigkeiten	Spezialisierungen	Monetärer Nutzen des Angebots für die Zielgruppe	Stundensatz – Unterschiede nach Zielgruppen	Unterschiede nach Zielgruppen/Themen
Zusatzeinkommen	Zusatzeinkommen		Notizen	

Abb. 5.11: Das Honorar und die Spezialisierung

Literatur & Quellen

- Middendorf, J., Fischer, G. und Graf, J. (2022). Weiterbildungs-Szene Deutschland 2022 – Der deutsche Coaching-Markt in Zahlen. Bonn: managerSeminare.

6.

Das Marketing: Wie komme ich an Kunden?

In diesem Kapitel lesen Sie

Dieses Kapitel betrachtet die tatsächlichen Marketing-Aktivitäten von Coachs in Deutschland und welche Auswirkungen diese auf das Honorar haben. Kernaussagen sind:

- Ein explizites Marketing gehört zu einer rationalen Existenzgründung dazu.
- Marketing hat einen nachweisbaren positiven Effekt auf das Coaching-Business.
- Es ist weniger eine bestimmte Marketing-Strategie wichtig als vielmehr, dass überhaupt eine explizite Strategie verfolgt wird.
- Die Bedeutung von klassischen Instrumenten wie dem Empfehlungsmarketing ist auch in Zeiten von Social-Media-Kanälen ungebrochen hoch.

Marketing 6.1

Unter Marketing versteht man allgemein alle Aktivitäten eines Unternehmens, die den Absatz eines Produkts oder einer Dienstleistung fördern. Dabei richtet Marketing alle Aspekte der Unternehmensführung auf die Erforschung und Befriedigung der Kundenbedürfnisse aus. Dies geschieht mit einer Vielfalt an Marketing-Instrumenten von der Markt-, Wettbewerbs- und Kundenbeobachtung, über die Produktentwicklung und -gestaltung, die Preisgestaltung sowie den Vertrieb bis zur Kommunikationspolitik des Unternehmens. Das hört sich sehr nach BWL an, was daran liegt, dass Marketing ein wichtiger Bestandteil der Betriebswirtschaftslehre ist. Allerdings ist das Interesse an BWL für viele Coachs nicht gerade die treibende Kraft bei ihrer Existenzgründung.

Marketing gehört definitiv nicht zu den Lieblingsthemen von Coachs

In Coaching-Weiterbildungen erleben wir vielmehr immer wieder eine starke Zurückhaltung gegenüber allen betriebswirtschaftlichen oder auch finanziellen Themen. Hauptmotiv für die Weiterbildung zum Coach ist eben der Wunsch, anderen Menschen in ihrer Entwicklung zu helfen, und nicht eine ausgefeilte Marketing-Strategie zur Umsatzsteigerung zu erlernen. Dass beides Hand in Hand geht und sich sogar gegenseitig bedingen kann, ist ein wichtiges Thema für jede Existenzgründung im Bereich Coaching. An dieser Stelle wollen und können wir keine Einführung ist das Marketing des 21. Jahrhunderts geben, sondern möchten vielmehr darstellen, was tatsächlich im deutschen Coaching-Markt an Aktivitäten in diesem Bereich stattfindet. Wie gehen andere Coachs mit dem Thema um? Welche Instrumente werden genutzt? Wie zufrieden sind die Coachs mit diesen Instrumenten? Und vor allem: Zahlen sich die Aktivitäten auch wirklich mit Blick auf das Honorar aus?

6.2 Marketing-Aufwände und Effekte

Die Mehrheit der Coachs gibt im Jahr 2021 an, dass Marketing für sie sehr wichtig (20%) oder eher wichtig (39%) ist. Unentschieden äußern sich 18 Prozent, und 19 Prozent sehen Marketing als eher unwichtig sowie vier Prozent als gar nicht wichtig an. Es verwundert nicht, dass die Einschätzung der Bedeutung des Themas deutlich mit dem zeitlichen und finanziellen Aufwand korreliert, der durch externe Hilfe im Bereich Marketing betrieben wird. So geben die Coachs, die dem Marketing eine sehr hohe Bedeutung beimessen, an, dass sie im Durchschnitt fast 48 Stunden im Jahr professionelle Hilfe bei der Umsetzung von Marketing-Aktivitäten in Anspruch genommen haben. Gleichzeitig haben diese Coachs im Jahr 2021 durchschnittlich rund 3.900 Euro für Marketing ausgegeben. Coachs, die Marketing als eher wenig wichtig ansehen, haben im Jahr 2021 durchschnittlich nur eine gute halbe Stunde externe Hilfe genutzt und gerade einmal rund 785 Euro für Marketing ausgegeben. Schaut man sich den Durchschnitt über alle Antworten an, so lag der externe zeitliche Marketing-Aufwand bei 24,6 Stunden (Median: 10 Std.) sowie bei 1.922 Euro (Median: 400) für das Jahr 2021 (s. Abb. 6.1).

Abb. 6.1: Marketing-Ausgaben für Coaching-Leistungen in 2021

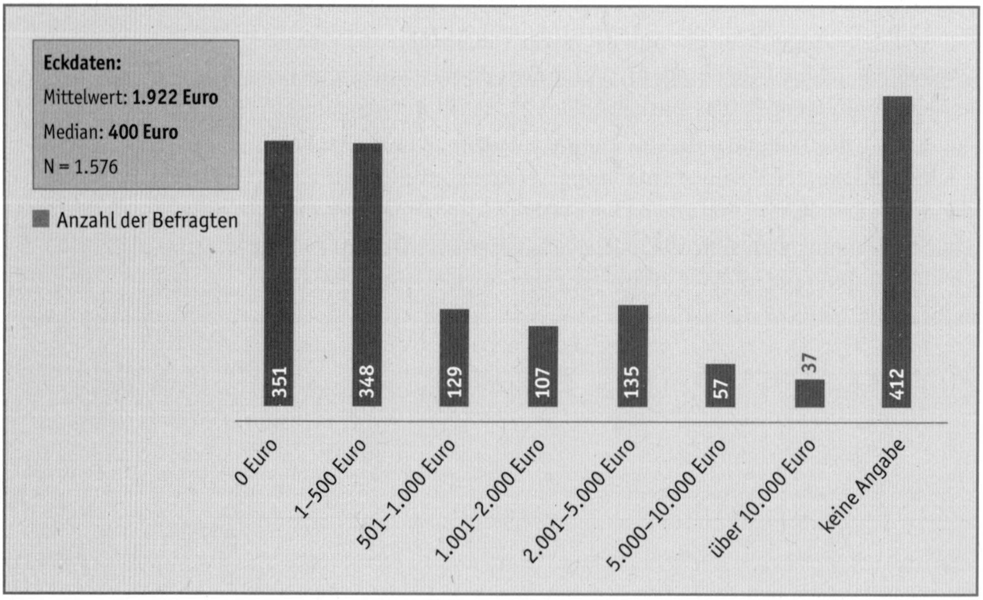

Höhere Marketing-Ausgaben = höherer Stundensatz – doch was ist Ursache und Wirkung?

Wie wirkt sich das auf den Coaching-Stundensatz aus? Die Tendenz ist hier eindeutig: Mit jedem Euro Stundensatz steigen die jährlich Marketing-Ausgaben um rund 19 Euro. Je mehr man für Marketing ausgibt, desto höher ist auch der Stundensatz – und umgekehrt. Dies ist erst einmal eine Korrelation. Der Zusammenhang sagt noch nichts über Ursache und Wirkung aus. Ähnlich sieht das Bild für die zeitlichen externen Aufwände aus. Je höher der zeitlich externe Marketing-Aufwand, desto höher der durchschnittliche Stundensatz (plus 14 Minuten je Euro Stundensatz). Entsprechend schätzen die Coachs generell ihre wirtschaftliche Situation für das vergangene Jahr besser ein, je mehr sie an Geld und zeitlich externen Aufwänden für ihr Marketing investiert haben. Kurz: Nach Selbsteinschätzung und Stundensatz erfolgreich ist der Coach mit umfangreichem Marketing-Investment!

Darüber hinaus ist es unerheblich, ob sich der Coach überwiegend mit beruflichen oder privaten Themen beschäftigt. Auch das Alter oder die Berufserfahrung als Coach spielen in diesem Bereich keine Rolle. Der zentrale Faktor ist die Bedeutungszuschreibung des Marketings durch den Coach selbst. Weder die konkret gemachte Erfahrung über die Tätigkeitszeit als Coach noch andere harte Faktoren scheinen den betriebenen Marketing-Aufwand so stark zu beeinflussen wie die subjektive Bedeutungszuschreibung dieses Themas durch den Coach selbst.

Schaut man sich den zeitlichen Marketing-Aufwand der Coachs selbst an, so kann man hier ebenfalls eine gewisse Zurückhaltung erkennen. Rund 82 Prozent geben im Jahr 2021 an, gar keinen (18%) oder nur einen monatlichen Marketing-Aufwand zwischen einer und zehn Stunden (64%) betrieben zu haben. Der Mittelwert liegt bei 8,5 Stunden (s. Abb. 6.2, S. 118).

Ein hoher Anteil an Coachs sieht Lücken bei der eigenen Marketing-Kompetenz

Gleichzeitig geben über ein Viertel der Befragten an, über sehr hohe (3,4%) oder hohe Kompetenz (25,4%) im Bereich Marketing zu verfügen. Diese marketingkompetente Gruppe setzt monatlich 13 und mehr Stunden eigene Zeit sowie überdurchschnittlich hohe externe Kosten und externen Aufwand fürs Marketing ein. Diese Gruppe berechnet zudem einen überdurchschnittlichen Stundensatz: Auch hier kombinieren sich Marketing-Investment mit Selbsteinschätzung und Stundensatz. Die größte Gruppe (34,3%) jedoch sieht bei sich weder hohe noch besonders niedrige Marketing-Kompetenz und fast 36 Prozent geben an, über eher niedrige (27,2%) oder niedrige (9%) Kompeten-

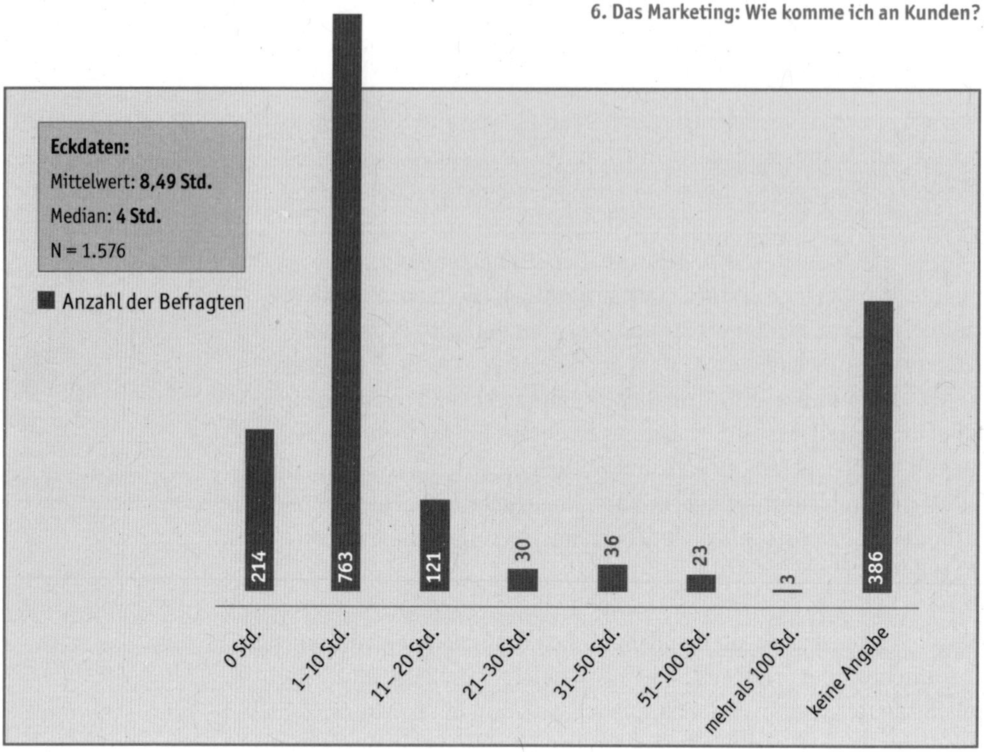

Abb. 6.2: Persönlicher zeitlicher Aufwand für Marketing-Aktivität im Monat

zen in diesem Bereich zu verfügen. Das wird sicherlich jeden Marketing-Berater freudig aufhorchen lassen, da hier einiges an Potenzial zur Verbesserung vorliegt.

Beliebt ist, was wenig Aufwand macht

Schaut man sich die Marketing-Strategien der Coachs an, so fällt auf, dass Empfehlungsmarketing und das persönliche Networking mit fast 60 Prozent die beliebtesten Strategien der Coachs sind. Diese Aussage korreliert dann auch konsequenterweise mit einem unterdurchschnittlichen Mitteleinsatz, was externe Hilfe und Geld angeht. Es scheint sich also zu bewahrheiten, dass viele Coachs davon ausgehen, dass die klassische Mundpropaganda der bevorzugte Marketing-Aansatz der Branche ist und dass es eine große Zurückhaltung gegenüber anderen, kostenintensiveren Marketing-Aktivitäten gibt. Gleichzeitig zeigen die Daten jedoch auch, dass eine präzisierte Marketing-Strategie mit höherem externen Marketing-Aufwand (40 bis 66 Stunden im Jahr 2021, bei durchschnittlich 24,6 Stunden) und höheren externen Marketing-Ausgaben (4.000 bis 6.700 Euro im Jahr 2021 bei durchschnittlichen 1.922 Euro) einhergeht und zu einem durchschnittlich höheren Stundensatz führt – auch wenn man mit einem reinen Empfehlungsmarketing immer noch leicht über den Honorar-Durchschnitt aller Coachs liegt. Lediglich die Coachs, die Marketing insgesamt eher sporadisch als systematisch betreiben, erreichen einen deutlich unterdurchschnittlichen Stundensatz (s. Abb. 6.3).

Neben der Bedeutungszuschreibung liegt der Aufwand von Marketing-Aktivitäten des Weiteren an der Art der Organisationsform (Freiberufler, selbstständig mit eigener Firma, Angestellter etc.) sowie der Art der Leistungsabrechnung (Stunden, Tagessatz, Projekt). Wie man sich leicht vorstellen kann, steigt der Marketing-Aufwand mit dem Grad an Professionalität des Marktauftritts. Je mehr Gedanken sich der Coach über den Auftritt und auch die Honorargestaltung macht, desto höher sind auch die Marketing-Aufwände: Erwartungsgemäß verzeichnen Coachs mit einer eigenen Firma mit 31,2 Stunden einen überdurchschnittlichen Aufwand und mit 2.970 Euro überdurchschnittliche Ausgaben, alle anderen liegen unter dem Durchschnitt.

Abb. 6.3: Zusammenhang zwischen Marketing-Strategie und Umsätzen

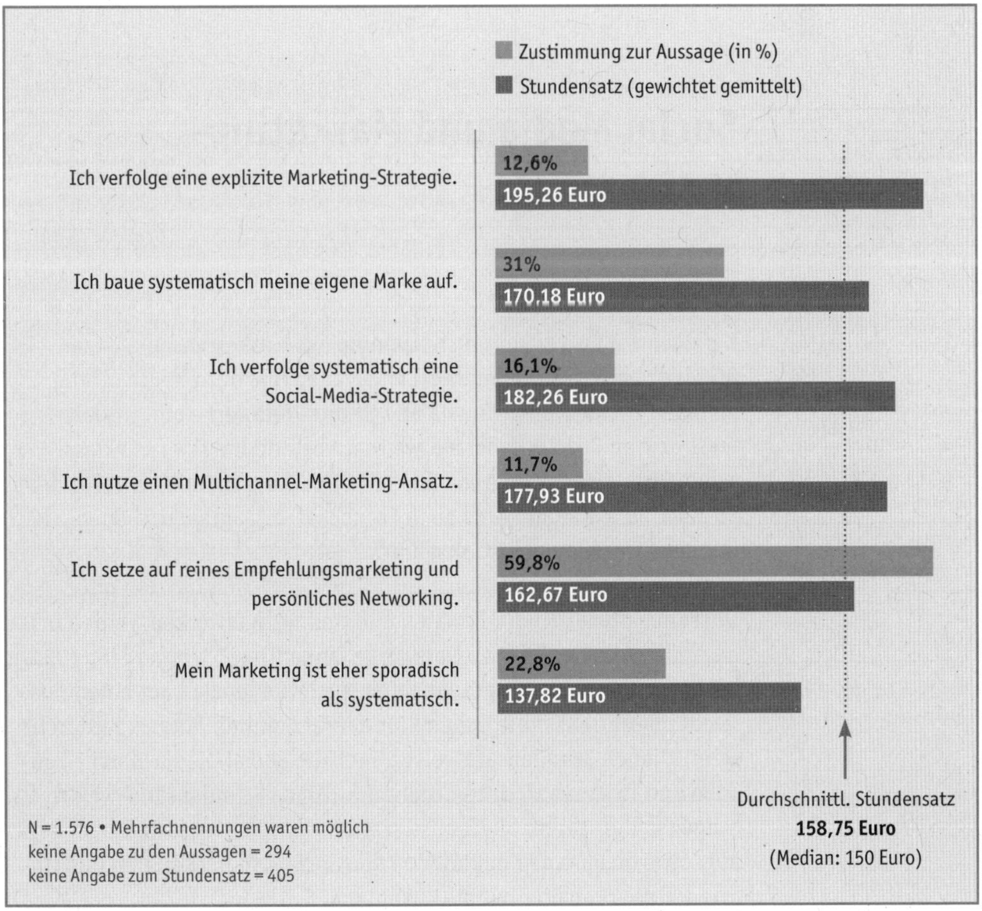

Wer nach Projektsumme abrechnet, verwendet überdurchschnittliche 41,2 externe Stunden und hat überdurchschnittliche 3.563 Euro Marketing-Ausgaben. Wer anhand von Tages- oder Halbtagessätzen abrechnet, verzeichnet unterdurchschnittliche 28,4 Stunden Aufwand und überdurchschnittliche 2.717 Euro Marketing-Ausgaben. Wer nach Stundensätzen abrechnet, liegt mit 20,1 Stunden und 1.627 Euro unter dem Durchschnitt.

Diese Zahlen zeigen sehr deutlich, dass ein ökonomisch durchdachtes Gesamtkonzept für die Existenzgründung im Bereich Coaching alle Facetten der Unternehmung berührt. Die Aspekte der Zielgruppenbestimmung, Marktpositionierung (s. Kap. 3, S. 51), der Produktgestaltung und der Honorargestaltung (s. Kap. 5, S. 93) sowie auch die Marketing-Aktivitäten stehen eben nicht unabhängig nebeneinander, sondern stellen ein Gesamtbild des eigenen Coaching-Business dar.

6.3 Social Media und Marketing-Instrumente

Kommen wir nun zu den Instrumenten des Marketings, die unser Geschäft befördern sollen. Als Erstes fallen uns dazu heute oft die diversen Social-Media-Kanäle und Online-Netzwerke ein. Im Jahr 2021 griffen Coachs dabei mit weitem Abstand häufiger auf klassischen Online-Netzwerke wie LinkedIn und Xing zurück als auf andere Social-Media-Kanäle. Aber auch Facebook, Instagram und Google My Business werden noch stark genutzt.

Unter den Social-Media-Kanälen und Online-Netzwerken werden insbesondere die beruflichen Netzwerke LinkedIn (55%) und Xing (52%) besonders häufig benutzt und gehen auch tendenziell mit einem leicht überdurchschnittlichen Stundensatz einher. Einen überdurchschnittlichen Stundensatz weisen auch die Social-Media-Kanäle YouTube und Twitter auf. Unterdurchschnittliche Stundensätze weisen hingegen die stärker bildfokussierten Kanäle Pinterest und Instagram auf sowie die mangelnde Nutzung von Social-Media-Kanälen und Online-Netzwerken überhaupt (s. Abb. 6.4, S. 121).

Abb. 6.4: Nutzung der Social-Media-Kanäle und Online-Netzwerke

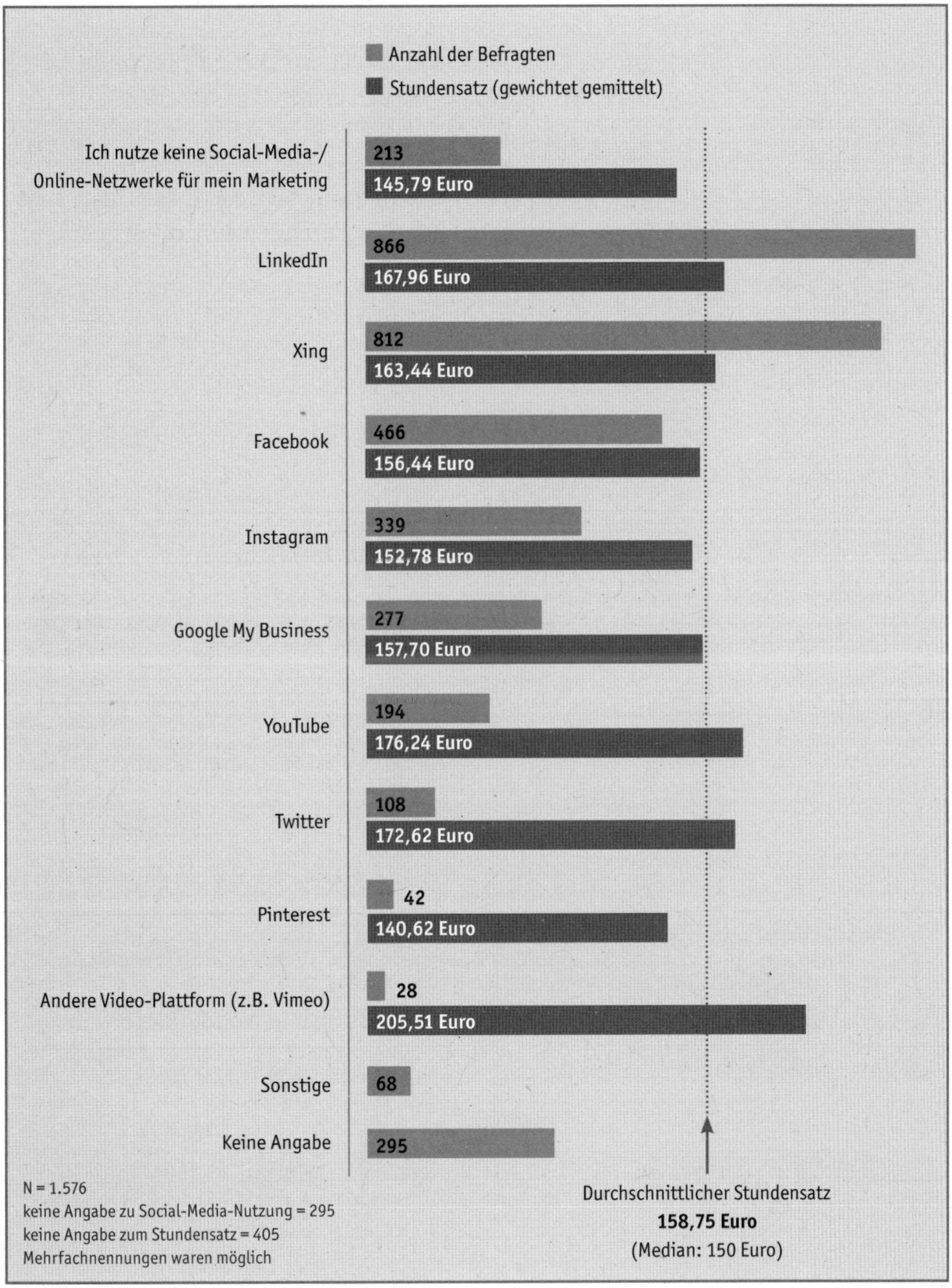

Unter den Social-Media-Kanälen und Online-Netzwerken lassen sich zudem Unterschiede nach Geschlecht und Alter ausmachen. Die stärker bildfokussierten Kanäle Instagram und Pinterest werden stärker von Frauen genutzt. Twitter, YouTube und andere Videoplattformen werden stärker von Männern genutzt. Instagram sowie Google My Business und Facebook finden eher jüngere Nutzer. Die Gruppe der Nichtnutzer ist tendenziell weiblich und älter (s. Abb. 6.5).

Abb. 6.5: Social-Media-Kanäle und Nutzungshäufigkeit nach Geschlecht

Neben den Social-Media-Kanälen gibt es noch viele weitere Marketing-Instrumente, die von Coachs genutzt werden. Zu den Klassikern gehört im Bereich Coaching die Mundpropaganda. Dementsprechend

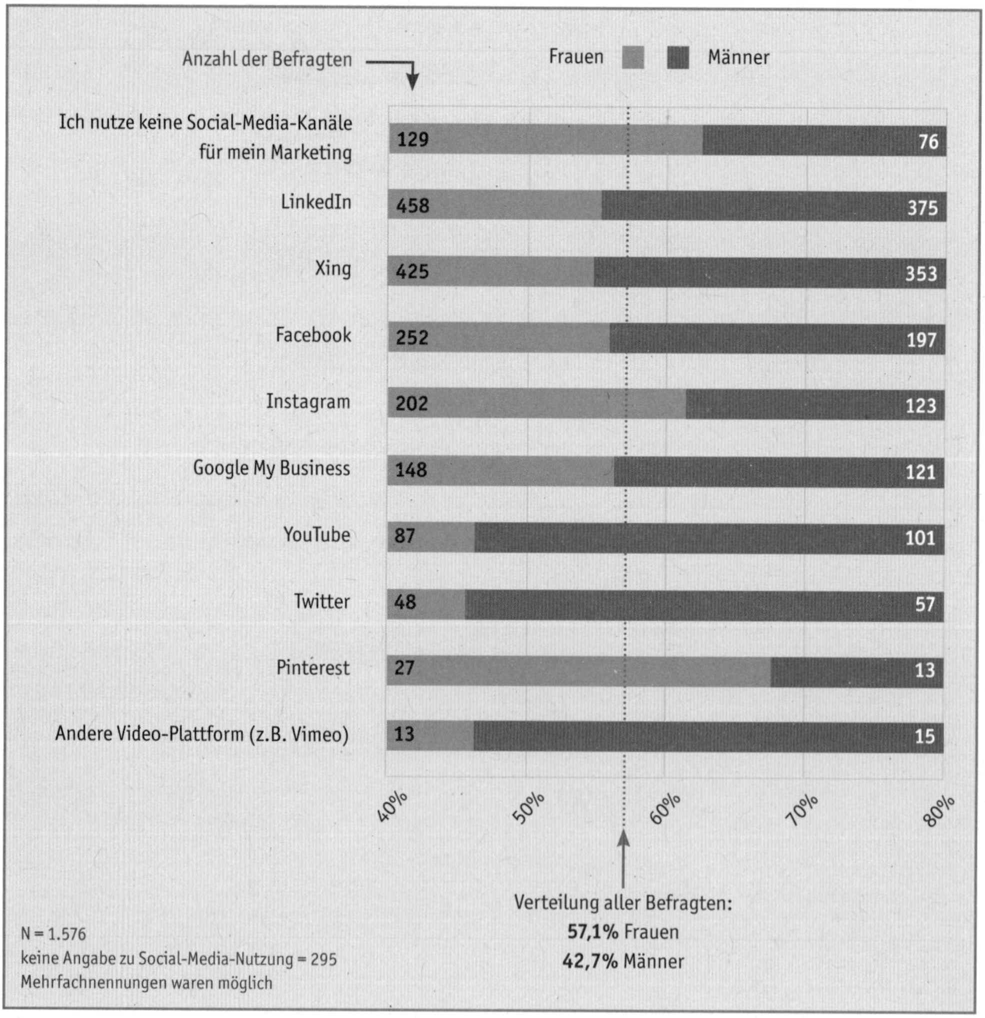

wird dieses Instrument tatsächlich am häufigsten von Coachs verwendet. Es wird aber nicht nur am häufigsten genutzt, sondern Coachs sind mit diesem Instrument auch am zufriedensten. Grundsätzlich scheinen die meisten Coachs aber ohnehin recht zufrieden mit den Marketing-Instrumenten zu sein, die sie ausgewählt haben. Ob dies ein Ausdruck kognitiver Dissonanzreduktion ist, man sich die Sache also schönredet, oder ob die Instrumente tatsächlich für den einzelnen Coach gut funktionieren, lässt sich an dieser Stelle nicht sagen. Dennoch sollte dieser Befund Coachs ermutigen, neben dem eigenen Lieblingsinstrument auch weitere Marketing-Aktivitäten zu nutzen, da bei über 30 konkret abgefragten Marketing-Instrumenten die durchschnittlichen Zufriedenheitswerte zwischen 2,3 und 1,7 liegen (Skala von 1 = sehr zufrieden bis 5 = sehr unzufrieden). Lediglich die altvertraute Coach-Datenbank liegt mit einer durchschnittlichen Zufriedenheit von 3,1 weit abgeschlagen auf dem hinteren Platz der Zufriedenheitseinschätzung durch die Coachs, wobei sie diese allerdings auch weiterhin überdurchschnittlich häufig nutzen (s. Abb. 6.6, S. 124).

Im Großen und Ganzen sind Coachs mit der Wahl ihrer Marketing-Instrumente zufrieden

Zusammenfassend kann man sagen, dass der explizite Einsatz einer systematischen Marketing-Strategie und konkreter Marketing-Instrument im Wesentlichen von der Einstellung der Coachs zu diesen Themen abhängt und von dem Grad der Professionalisierung des eigenen Coaching-Business. Sowohl die eigene Kompetenzeinschätzung in diesem Bereich wie auch die Bedeutungszuschreibung und der daraus folgende zeitliche und finanzielle Einsatz korrelieren mit einer positiveren Wahrnehmung der eigenen wirtschaftlichen Situation sowie einem höheren Stundensatz. Pointiert formuliert: Der marketingaffine Coach hält Marketing für wichtig, sich selbst für hinreichend kompetent und verfolgt eine präzisierte Marketing-Strategie. Er verwendet deshalb mehr eigene Zeit und fremden zeitlichen Aufwand sowie Kosten auf das Marketing und erzielt damit höhere Stundensätze.

Coachs profitieren, wenn sie sich mit Marketing beschäftigen

Ein Fazit der aktuellen Daten zum Marketing im Coaching-Business könnte daher lauten, dass es wichtig für den wirtschaftlichen Erfolg ist, eine explizite Marketing-Strategie zu betreiben und systematisch Marketing-Instrumente einzusetzen. Welche Strategie und welches Instrument für den einzelnen Coach dabei besonders gut funktionieren, kann aufgrund der Daten allerdings nicht gesagt werden. Deutlich ist aber, dass eine rationale Existenzgründung im Bereich Coaching Hand in Hand mit einer expliziten Marketing-Strategie geht.

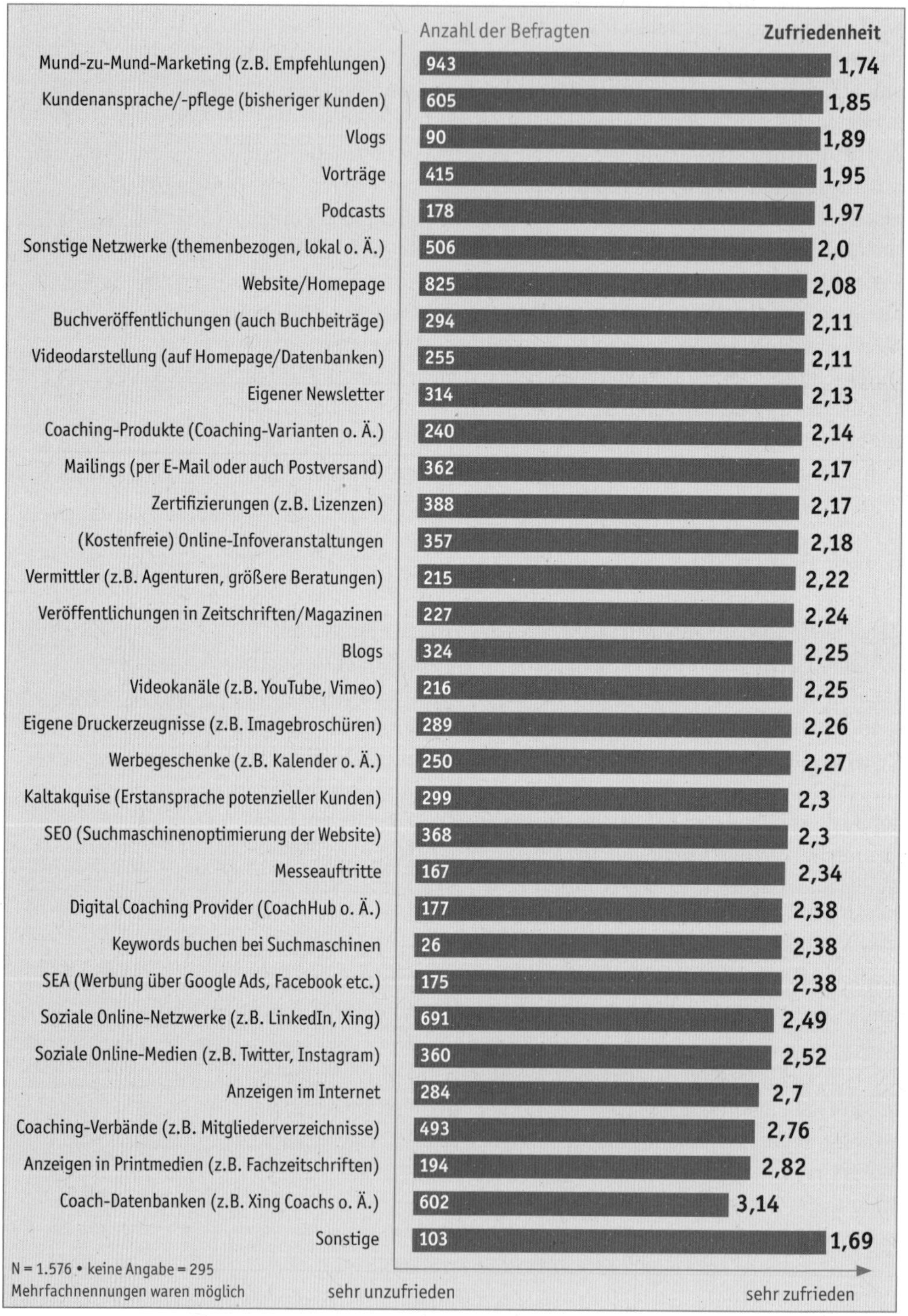

Abb. 6.6: Nutzung und Zufriedenheit mit Marketing-Instrumenten

Marketing-Canvas

6.4

Die zentrale Konsequenz wurde schon am Ende des letzten Abschnitts formuliert. Systematisches Marketing steigert den beruflichen Erfolg als Coach. Welche Strategie und welche Instrumente man dafür nutzt, ist dabei zweitrangig, Hauptsache, man nutzt eine systematische Marketing-Strategie und setzt nicht allein auf zufällige Mund-Propaganda. Bei der Auswahl der zum eigenen Geschäft passenden Strategie können folgende Fragen helfen (s. Abb. 6.7, S. 126):

Fragen zur Entwicklung der Marketing-Strategie

- Wer ist Ihre Zielgruppe? Welche besonderen Bedürfnisse oder Nöte hat diese?
- Welchen Nutzen, welchen einzigartigen Nutzen können Sie Ihrer Zielgruppe bieten?
- Wie verhält sich der Wettbewerb in Bezug auf Ihre Zielgruppe?
- Wie möchten Sie sich mit Blick auf diese Zielgruppe und den Wettbewerb im Markt positionieren?
  - Mit welchen Themen?
  - Welche Dienstleistung wollen Sie konkret anbieten?
  - Welche Honorar-Positionierung passt zur Zielgruppe und den Themen?
- Was ist das Ziel Ihrer Marketing-Strategie? Woran erkennen Sie, dass Sie dem Ziel näherkommen bzw. es erreicht haben?
  - Wie wollen Sie die Erfolgsmessung sicherstellen?
  - Was sind Ihre Kriterien für den Erfolg Ihrer Marketing-Strategie?
- Auf welchen kommunikativen Kanälen könen Sie Ihre Zielgruppe am besten erreichen?
  - Welche Marketing-Instrumente liegen Ihnen am meisten?
  - Wo ist die Schnittmenge zwischen Ihren Präferenzen und den Marketing-Kanälen/-Instrumenten, die bei Ihrer Zielgruppe besonders beliebt sind?
  - Wer kann Ihnen bei der Nutzung der entsprechenden Kanäle/Instrumente helfen?
- An welcher Stelle brauchen Sie weitere externe Hilfe bei der Entwicklung einer Marketing-Strategie bzw. bei der Umsetzung derselben?

Das Ziel	Ressourcen	Instrumente	Effekt
Ziel meiner Aktivitäten	Budget für externe Hilfe	Online	Analysen
	Budget für den Einsatz von Marketing-Instrumenten		Zentrale Kennzahlen
Kernaussage meiner Marke	Eigener Zeiteinsatz	Print	Review-Häufigkeit
Allgemeine Marketing-Strategie	Häufigkeit des Einsatzes der verschiedenen Marketing-Instrumente	Persönlich	Kundengewinnung/ Umsatzsteigerung

Abb. 6.7:
Marketing-Canvas

- Wie viel Zeit wollen Sie selbst monatlich investieren?
- Wie viel Geld können/wollen Sie pro Jahr in externe Hilfe investieren?

▶ Wie sieht Ihr erster Marketing-Plan aus?
- Welche Instrumente setzen Sie wann, in welcher Regelmäßigkeit und mit welchem zeitlichen und finanziellen Aufwand ein?
- Wann ermitteln Sie wie den Erfolg Ihres ersten Marketing-Plans?
- Wann ermitteln Sie wie den Erfolg der einzelnen Marketing-Instrumente?

Literatur & Quellen

▶ Middendorf, J., Fischer, G. & Graf, J. (2022). WeiterbildungsSzene Deutschland 2022 – Der deutsche Coaching-Markt in Zahlen. Bonn: managerSeminare.

7.

Die Zukunft des Coaching-Business

von Gastautor Stefan Stenzel

In diesem Kapitel lesen Sie

Dieses Kapitel beleuchtet die Zukunft des Coaching-Business aus verschiedenen Perspektiven. Damit dient dieses Kapitel nicht unmittelbar dem Ziel, sich als Coach selbstständig zu machen, sondern sich mittelfristig zu positionieren, indem man sich über zukünftige Einflussfaktoren des Coaching-Marktes der (nahen) Zukunft Gedanken macht. Die Themen in diesem Kapitel sind:

- Technologische Veränderungen
- Demografische und soziologische Veränderungen
- Psychologische Veränderungen
- Veränderungen in Wirtschaft und Unternehmen
- Ethik als Leitfaden der Veränderung im Coaching
- Zukunftsszenarien für das Coaching-Umfeld

Die Zukunft des Coachings: gestaltbar 7.1

Welche situativ absehbaren oder auch nicht absehbaren Umstände oder Vorfälle innerhalb und außerhalb der Coaching-Community werden die Ausgestaltung des Coachings in der Zukunft prägen? Dies kann nicht im naturwissenschaftlichen Sinne prognostiziert werden. Denn „Realität" ist nicht „kompliziert", sondern „komplex".

Aber die aktuell erkennbaren Rahmenbedingungen können möglichst umfassend und gründlich analysiert werden, sodass man sich „einen Reim" darauf machen kann. Diese reimende und sinnstiftende Tätigkeit wird dabei im systemischen Sinne umso realer, also eine geteilte Realität, desto mehr Menschen sich an diesem Diskussions- und damit Konstruktionsprozess beteiligen und so die Zukunft in ihren Möglichkeiten durch mehr oder minder bewusste Entscheidungen und deren Umsetzung erschaffen. Zum Weiterlesen sowie als Einladung zu einer solchen sinnstiftenden Diskussion und Co-Kreation sei die Leserschaft auf die „Langfassung" meiner Gedanken verwiesen (Stenzel, 2022).

Digitalisierung als ethische Herausforderung für das Coaching

Infolge der sich schon heute andeutenden Möglichkeiten der Digitalisierung halte ich es für zwingend, auf die ethischen Herausforderungen dieser Innovation hinzuweisen. Es wäre wünschenswert, wenn die Coaching-Community schon heute – parallel zu dem sich eröffnenden Möglichkeitsraum – eine ethische Diskussion beginnen würde darüber, welche dieser Möglichkeiten warum, wie, wo, für wen und wann und unter welchen Bedingungen im Coaching genutzt werden sollen. Dann wären die daraus folgenden, bewussteren Entscheidungen nur noch hinsichtlich der Umsetzung unterstützend und zielfokussiert zu begleiten, um sie letztlich Realität werden zu lassen. Wir sollten es nicht verpassen, dass für die meisten Coachs leitende Wertegerüst des Humanismus in einen zeitgemäßen „Digitalen Humanismus" (Nida-Rümelin & Weidenfeld, 2018) zu transformieren.

7.2 Technologische Veränderungen: Digitalisierung und Big Data

Sind die rasanten Fortschritte im Bereich der Hardware das zentrale Herzstück der Digitalisierung, dann beschreiben die Adjektive schneller, kleiner und immer preiswerter (i.S. von mehr Leistung ohne dramatisch ansteigende Kosten) für die Prozessoren („Chips") der Rechner wohl am besten die eigentlichen Treiber dieser Disruption. Im Bereich der Software sind es wohl die bahnbrechenden Entwicklungen hinsichtlich des Forschungsbereichs „Künstliche Intelligenz" (KI). Eine Mischung aus dem Hard- und Software-Bereich stellen die weitgehende Ersetzung von „On-Premise" (lokale serverbasierte Nutzung von Computerprogrammen) durch Cloud-Lösungen (Nutzung von Computerprogrammen durch Online-Server des gewählten Anbieters) dar.

Cloud und Handy – Zugriff auf Daten jederzeit und an jedem Ort

Ganz lebensnah heißt dies, dass z.B. die Software des Textverarbeitungs- oder Tabellenkalkulationsprogramms eben nicht mehr auf CDs geliefert und auf den heimischen Computer physisch aufgespielt werden muss und man auch die nachfolgenden Updates nicht auf einer neuen CD erhält, sondern dass diese Programme im zentralen Rechner des Softwareanbieters aktualisiert und dann „automatisch" heruntergeladen werden. Ein weiteres Anwendungsbeispiel ist die Möglichkeit, z.B. die eigenen Urlaubsbilder in der „über allem schwebenden Wolke" (der Cloud) jederzeit und allerorts zentral herunterladen zu können. Realisiert werden konnte dies jedoch erst durch die Weiterentwicklung des Netzwerksystems „Arpanet" zum schnelleren Informationsaustausch zwischen den Großrechnern einiger amerikanischer Universitäten in den 1970er- bzw. 1980er-Jahren zu dem, was wir heute als „World Wide Web" oder kurz als Internet bezeichnen.

Die Transformation des Mobiltelefons zu einem Kleincomputer (Smartphone) wiederum machte es in der Folge möglich, dass wir diese Netzwerk-Services jederzeit und allerorts nutzen sowie die Daten als Bilder und Text- oder Sprachnachrichten empfangen können. Die „Handys", wie wir sie in Europa nennen (und alle anderen sich in diesem Zuge entwickelnden Empfangsgeräte wie Tablets, Wearables etc.), schufen dabei die Voraussetzung für diese sogenannte Hyper-Connectivity, welche heute selbst Menschen in verschiedenen und auch den entlegensten Winkeln der Erde erlaubt, miteinander zu kommunizieren. Dass auch immer mehr den Alltag durchdringende Konzept des „Internet of Things" (IoT) verweist darauf, dass zukünftig auch immer stärker Maschinen Informationen austauschen und miteinander „kommunizieren" werden – dass z.B. der Kühlschrank die entnommenen oder fehlenden Inhalte zwecks Erstellung einer Einkaufsliste eigenständig an das Smartphone weiterleitet.

Das zweite Leben im Netz

Bei diesen gigantischen Datenströmen und -mengen – den sogenannten Big Data – zwischen allem und allen ist es jedoch erforderlich, durch entsprechende Rechenverfahren und Datenanalysen diese in sogenannte „Smart Data" zu transformieren. Diese sind die Basis, um auf den daraus gewonnenen Erkenntnissen Konsumenten beim Online-Shopping durch zeit- und kontextsensitive Werbeanzeigen zu weiteren Käufen animieren zu können. Ein sehr aktueller Begriff, bei dem man sich bis dato nicht einmal auf eine einheitliche Definition einigen konnte, ist das Konzept des Metaverse als „the next big thing". Es skizziert – Stand heute und stark vereinfacht gesagt – das umfassende „Leben" im Netz als Avatar. Dieser elektronische Doppelgänger eines Menschen kann ohne Medien- oder Systemwechsel in dieser elektronischen Welt alles das machen, was auch im realen Leben möglich ist – nur ohne alle physikalischen, raum-zeitlichen oder potenziell eben auch ethischen Grenzen. Es ist das „Leben im Netz" schlechthin. Einen Vorgeschmack auf dieses parallele oder „zweite Leben" im Netz, wo sogar mit multiplen Identitäten gelebt werden kann, zeigte bereits das 2003 von Philip Rosedale gegründete, virtuelle Unternehmen „Second Life" oder dessen virtuelle Lebenswelt „Linden World". Bis diese Utopie – manche nennen sie Dystopie – jedoch Wirklichkeit werden kann, werden nach Meinung von Fachleuten noch einige Dekaden vergehen.

Die Coaching-Community hat Geschäftsmodell der DCP weitgehend verschlafen

Dass von diesen zahlreichen und potenzialträchtigen Entwicklungen das Coaching nicht unberührt bleiben würde, dürfte nicht verwundern. Verfolgt man jedoch die Rezeption dieser Themen in der Coaching-Community, war dort bis vor zwei Jahren weitgehendes Desinteresse oder gar Ignoranz festzustellen. Besonders fatal wirkte sich diese „Vogel-Strauß-Haltung" im Bereich der Distribution von Coaching-Services aus. Denn im Coaching-Feld etablierte sich fast unbemerkt von den meisten Coachs das Geschäftsmodell der Plattformen – die sogenannten „Digital Coaching Provider" (DCP). Eine

Bestimmen DCPs zukünftig die Qualitätskriterien des Coachings?

potenzielle (!) Folge davon könnte sein, dass einige dieser Anbieter definieren, welches Coaching das beste Coaching sein soll: beispielsweise das, was sich am besten verkauft. Und so würde auch unter der Hand – als normative Kraft des Faktischen – festgelegt, wie ein Coach zu arbeiten hat. Die Wachstumslogik und die monopolistischen Bestrebungen, die diesem Geschäftsmodell innewohnen, lassen sich an E-Commerce-Plattformen wie Amazon bereits bestens beobachten. Hier definiert zunehmend der Markt, wie ihn die riesige Verkaufsplattform repräsentiert, wie und was ein Autor schreiben und wie er es aufmachen muss, um einen Bestseller zu landen.

Nehmen wir diese Analogie ernst, würde dies im schlimmsten Falle das Aussterben des altbekannten, von der Methodik und den Rahmenbedingungen völlig frei gestaltbaren und klientenzentrierten „Manufaktur-Coachings" bedeuten, welches auch an den Coach hohe Ansprüche stellt. Die Basis für ein derart „windschnittiges" Coaching wären die im Bestell-, Prozess- und Evaluationsprozess anfallenden Daten (Big Data). Man könnte solche Daten natürlich auch in einem nichtkommerziellen, wissenschaftlichen Kontext zur konzeptionellen Weiterentwicklung des Lernformats Coaching nutzen. Zu viele, rein an finanziellen Erfolgen interessierten Investoren im Hintergrund mancher DCPs lassen ein solches Interesse an einer mehrdimensionalen, konzeptionellen Weiterentwicklung jedoch fragwürdig erscheinen. Wir werden sehen, wie sich die verschiedenen DCPs hier aufstellen (s. Kap. 8, S. 151).

Wearables – die mentale Befindlichkeit am Handgelenk

Eine weitere, potenzielle Neuerung ergibt sich aus den vielfältigen Wearables. Das sind Computertechnologien, die man am Körper trägt, sei es zur umfangreicheren und gezielteren Informationsverarbeitung (z.B. das „Pflaster" oder sogar der Ganzkörperanzug, der durch Wärme und Mikrovibration wie das Steuerrad im modernen PKW auf Gefahren hinweist) oder zur Stresswahrnehmung und Regulation im Sinne eines Biofeedbacks. Das Prinzip des Biofeedbacks, also der Rückmeldung von Körperdaten wie Pulsfrequenz oder Hautleitwiderstand, kann zur Entspannungsförderung, Wachheit oder als Logbuch für den Alltag zum Einsatz kommen. Das wohl populärste Wearable ist die Smartwatch, die als „Multi Device" viele der soeben beschriebenen Funktionen integriert hat. Allen gemeinsam ist, dass sie bei Bedarf eine lückenlose Messung der körperlichen und/oder mentalen Funktionen ermöglichen. Zudem können in deren Kombination auch

Daten über Verhaltensänderungen gesammelt werden. Beispielsweise erfährt man, ob die Herzfrequenz während der Produktpräsentation auf großer Bühne im Normalbereich liegt oder auf große Aufregung hindeutet. Solches könnte dann gezielt in einem Rhetorik-Coaching bearbeitet werden. Die dabei ermittelten Prozess- und Ergebnisdaten ermöglichen – sofern der Coach die erforderliche Technikaffinität mitbringt – ein durch physiopsychologische Daten angereichertes, und damit fundiertes („objektiveres") Coaching.

Coaching-Erfolg – anhand der Körperdaten direkt überprüfbar

Der Coach als „Realitäten-Kellner"

Physiologische und psychologische Veränderung probehalber, also in virtuellen Welten, zu erleben, ermöglichen spezielle Brillen, die die Wahrnehmung ergänzen (augmented) oder sogar völlig (virtuell) ersetzen. So kann man in komplett neue Realitätsebenen eintauchen („Immersion") oder es vermischen sich diese Welten. Diese Technologien werden in der Realitätsdarstellung und den Interaktionsmöglichkeiten zunehmend perfekter. Wir Menschen können immer weniger zwischen dieser „vorgegaukelten" und der „echten" Realität unterscheiden. Das lässt den Coach endgültig – wie Gunther Schmidt so schön formuliert – zum „Realitätenkellner" werden, der seinem Klienten überzeugende Wirklichkeitskonstruktionen anbietet. In der sogenannten Cyber-Psychotherapie werden solche Technologien schon seit Längerem zur Behandlung beispielsweise von Höhen- und Platzangst eingesetzt.

Technisch simulierte Realität in Form eines Dialogpartners sind Chatbots – zur schriftlichen oder verbalen Interaktion. Doch bis die aktuell mit viel Skepsis oder gar Furcht erwarteten „Robo-Coachs" die Komplexität eines Coaching-Dialogs zumindest annähernd abbilden können, werden wahrscheinlich noch zwei bis drei Dekaden ins Land gehen. Heute werden sie eher schlecht als recht als Service-Assistenten oder Tutoren eingesetzt. Werden sie als App programmiert, kann man sie auch als „Coachs" zum Selbstcoaching nutzen. Letztere lassen den erfahrenen Coach jedoch meist eher schmunzeln. Mit der Nutzung von Alexa, Siri & Co. tragen wir jedoch alle dazu bei, dass die dahinterstehenden KI-Systeme kontinuierlich lernen und immer natürlicher erscheinen. Der Dialogfluss wird immer menschenähnlicher und mit technischer „sozialer Intelligenz" kann man sogar die situativen, emotionalen Befindlichkeiten des Gegenübers mittels Stimm- und Mimik-Analysen in Echtzeit einbeziehen. Die Feststellung oder Frage des Dialogsystems hinsichtlich der aktuellen Befindlichkeit ist dann

„Robo-Coachs" zum Selbstcoaching: nur Spielerei oder bald mehr?

keine starr programmierte Höflichkeitsfloskel eines Expertensystems mehr, sondern das Resultat technisch simulierter – und vom Anwender wahrgenommener – „Empathie".

Coachs sollten technologischen Entwicklungen mehr Aufmerksamkeit schenken

Der Zeithorizont von drei bis vier Dekaden wird von Wissenschaftlern auch als Wahrscheinlichkeit für die Entwicklung sogenannter Singularitäten beschrieben. Durch den dann vermutlich erreichten Entwicklungsstand von Quantencomputern sollen Rechner in etwa die technische Leistungsfähigkeit des menschlichen Gehirns erreichen oder sogar darüber hinaus gehen können – sagt man. Keine Frage, ein solches Szenario wirft viele Fragen auf. Neben den tiefgreifenden sachlichen Problemen kann an dieser Stelle auf die sich aus den beschriebenen Technologien ergebenden, enormen ethischen und datenschutztechnischen Herausforderungen nur hingewiesen werden. Das sind allerdings Fragestellungen, mit denen sich ein Coach auseinandersetzen muss. Wie bereits erwähnt, werden daher zukünftig die Coachs einen Marktvorteil haben, die diesen Technologien offen gegenüber sind oder sogar eine gewisse Neugier an den Tag legen, denn dies versetzt sie in die Lage, als eine Art Guide zwischen den verschiedenen Welten zu fungieren und deren Besonderheiten und Vielfalt für Lernprozesse im Coaching sinnvoll einzusetzen.

7.3 Demografische und soziologische Gesellschaftsveränderungen

Medienberichte machten das schon hinlänglich bekannt: Wir erleben derzeit demografiebedingte Gesellschaftsveränderungen, die in Zukunft noch gravierendere Auswirkungen haben werden. Die Babyboomer gehen in Rente, der Pillenknick sorgt für geringere Geburtenraten und die Alterspyramide lässt jetzt schon erkennen, dass die Jahre zwischen 2030 und 2040 nicht nur für die Rentenkassen zu einer herausfordernden Zeit werden. Denn sinkende Geburtenraten und die stetig steigende Lebenserwartung führen nicht nur zu einer Überalterung, sondern auch zu einer Schrumpfung der Gesamtbevölkerung. Die damit einhergehende, abnehmende Erwerbsquote ist zudem ein Grund, für den insbesondere in der produzierenden Industrie in Deutschland beklagten und inzwischen deutlich spürbaren Fachkräftemangel. Arbeiten immer weniger Menschen in einer steuerpflichtigen Erwerbsarbeit, zieht dies wiederum eine kontinuierliche Verschlechterung des sogenannten Altersquotienten (= Verhältnis der Menschen im Erwerbsalter zu der Anzahl der Rentenbezieher) nach sich. Indirekt deuten sich damit bereits die neu zu akzentuierenden Arbeits- oder Lernfelder für Coachs an, welche jedoch in der Praxis unter anderen Überschriften auftauchen.

„Senioren-Coaching" für eine immer längere Lebensphase

Hinsichtlich des Alters ist festzustellen, dass immer mehr Forscher das numerische Alter einer Person infolge der sehr viel längeren Lebenserwartung bei zugleich guter Gesundheit als zunehmend „alten Hut" zur Beschreibung der Lebenswirklichkeit sehen. So schlagen sie statt des bisherigen „Three-Stage Vview" (Ausbildung, Karriere, Rente) einen „Multi-Stage View" (z.B.: Kindheit 0–12; Jugendphase bis 20/25; Erwachsenenalter bis 40/45; fortgeschrittenes Erwachsenenalter bis 60/65; frühes Seniorenalter bis 75/80 und das Greisenalter bis 100) vor. Folgt man dem aktuellen Bonmot „Die 60 sind die neuen 40!", so sind die 40 Jahre von 60 bis 100 die längste Lebensphase, die es ggf. mit einem das (Berufs-)Leben reflektierenden „Senioren-Coaching" – sofern die finanziellen Mittel dazu vorhanden sind – zu gestalten gilt.

Marktnische? Das Mehr-Generationen-Coaching-Team

Denn aufgrund des Fachkräftemangels werden im Idealfall die „Silver Worker", also die mit den grauen Schläfen, durch maßgeschneiderte Programme mit speziellen Arbeitsverträgen und Tätigkeiten möglichst lange im Unternehmen gehalten. Oder sie steigen (zu) früh aus dem normalen Berufsleben aus und erfüllen sich (endlich!), beispielsweise mit einer Beschäftigung in einem ganz anderen Arbeitsbereich oder gar einer Existenzgründung, einen (weiteren) Lebenstraum. Der passende Trendbegriff dazu lautet: „Perentials" – zu Deutsch: „Mehrfachblüher". Aufgrund der zuvor gesammelten, meist enormen Berufserfahrung der Coaching-Klienten müsste ein Existenzgründer-Coaching für diese Zielgruppe – Achtung: Nische! – sicher einen besonderen Zuschnitt erhalten. Das Coaching-Team, bestehend aus mehreren Generationen, könnte ein weiteres, zu intensivierendes Geschäftsfeld für Coachs in der Zukunft werden.

Da wir die große Ausstiegswelle der Babyboomer in den 2030er-Jahren erst noch vor uns haben, ist im Gegensatz dazu das Thema „Gender" aktuell mit einem positiven oder kritischen Zungenschlag in aller

Munde. Dabei erkennt man zusehends, dass das Thema nur vermeintlich eine „Frauenfrage" ist. Vielmehr zeigt sich, dass wahrscheinlich nur ein konzertierter Einsatz der Männer und Frauen, der Unternehmen und auch der Gesellschaft insgesamt nachhaltige Veränderungen wird anstoßen können. Indikatoren, dass auch die bisherigen Aktivitäten nicht nur in deutschen Unternehmen sehr bedingt wirken, sind die Beharrlichkeit der dazugehörigen Schlüsselbegriffe in den Medien: Glasdecken-Effekt, Gender-Pay-Gap, Motherhood Lifetime Penality oder Gender Lifetime Earnings Gap. Die bereits existierenden frauenspezifischen Coaching-Angebote können hinsichtlich der damit verbundenen „großen Fragen" wahrscheinlich nur teilweise wirksam sein. Aber indem sie auch die einzelnen Frauen stärken, haben sie weiterhin ihre Berechtigung.

Paar-Coaching als Hilfe, um den „doppelten Lebensentwurf" zu verwirklichen

Wollen progressivere Unternehmen den bestehenden oder drohenden Fachkräftemangel auch mit (den oft sehr hoch qualifizierten) Frauen abfedern, ist dies natürlich begrüßenswert. Die potenziell großen Herausforderungen, die sich im Falle liierter Frauen meist aus der Verwirklichung des „doppelten Lebensentwurfs" (D.I.N.K. = Double Income No Kids; D.E.C.= Dual Earner Couple; D.C.C.= Dual Career Couples) für das Paar ergeben, sind die sich permanent stellenden Abwägungen: die generelle Zeitknappheit, Priorisierung von Tätigkeiten, Rollenverteilung und Zuständigkeiten, die Hausarbeit im Speziellen und natürlich auch die Pflege der Zweisamkeit und Intimität. Paar-Coachings könnten daher für diese „Zweierteams" – die zukünftig wahrscheinlich nicht nur aus Gründen der Selbstverwirklichung beide arbeiten müssen (Stichwort: Rentenabgaben, Steuerlast oder Staatsverschuldung) – ein attraktives Angebot sein. Diese Thematik macht jedoch deutlich, dass ein puristisches, also eng gedachtes Business-Coaching zukünftig nicht mehr zeitgemäß sein kann.

Auch kulturelle Diversität muss begleitet werden

Selbst Mittelständler agieren immer häufiger global und multikulturell, nicht erst, seitdem Schutzsuchende aus Syrien und der Ukraine ins Land kommen. Man denke nur an die ersten Zuwanderer aus Italien und der Türkei in den 1950er-Jahren. Daher ist ethnische und kulturelle Diversität in Deutschland ein Dauerthema. So stellt sich für Städte, Gemeinden und deren öffentliche Verwaltung, Beratungsstellen und Bildungseinrichtungen, aber auch in Verbänden die Aufgabe, auch ungesteuerte Migration und damit Diversität zu managen und – als Neuerung – ggf. zu coachen. Nicht nur kulturelle Diversität aktiv zu suchen, sondern aktiv auszubauen, wird von immer mehr Unternehmen als ein Ansatz gesehen, um Innovation und Kreativität zu stimulieren sowie die Anzahl der Absatzmärkte durch Internationalisierung und Globalisierung zu erweitern. Da jedoch laut entsprechender Fachexperten unklar ist, worin genau das bereits seit den 1990er-Jahren existierende „interkulturelle Coaching" z.B. für Expatriates (Führungs- und Fachkräfte, die im Rahmen einer Auslandsentsendung ihres Unternehmens im Ausland sind) oder Impatriates (ehemalige Expatriates, die permanent im Land bleiben) eigentlich besteht, könnten die nächsten Dekaden eine stärkere Nachfrage nach einem differenzierteren Service-Angebot bringen – nennen wir es „kulturreflexives Coaching". Ob stärkere Diversität auf der Belegschaftsebene generell zu mehr Innovation und Kreativität führt, ist überdies fraglich. Einige Studien legen jedoch nahe, dass unter stimmigen Rahmenbedingungen, bei zielgerichtetem Einsatz sowie mit Unterstützung durch individuelle und Team-Coaching-Maßnahmen aus der Multiperspektivität innovationsfördernde Synergien stimuliert werden können. Diese potenziellen Effekte der Diversität beziehen sich dabei nicht nur auf verschiedene Ethnien, sondern auch auf andere, personale Unterscheidungsmerkmale.

Vom interkulturellen zum „kulturreflexiven Coaching"

7.4 Psychologische Gesellschaftsveränderungen

Das Akronym VUCA (Volatility, Uncertainty, Complexity, Ambiguity) steht heute für die Erkenntnis, dass in unserer Welt die Lern- und Anpassungsfähigkeit von Menschen die einzige Konstante bleibt. Ferner erinnert es uns an das große Potenzial systemtheoretischer Konzepte für das Verständnis und den Umgang mit dieser hochkomplexen Welt: von der „Wahr-Nehmung" zur „Wahr-Gebung". Die qualifikationsbezogene Ausrichtung zukünftiger Coachs kann und sollte davon profitieren. Konzepte wie Resilienz und Intuition oder Ambiguitätstoleranz weisen hier den Weg. Coachs ist die Arbeit mit dem Tetralemma in der Regel bekannt. Skalieren wir die Logik hoch auf unsere allgemeine Lebenssituation, so zeichnet sich ein Paradigmenwechsel von einem „Entweder-oder" hin zu einem „Sowohl-als-auch" als Denkstil ab. Für

Vom Entweder-oder- zum Sowohl-als-auch-Denken

die Dienstleistung Coaching bedeutet dies beispielsweise die aktivere Zusammenführung von Individual-, Team- und Organisationscoaching, von Life- und Business-Coaching, von Face-to-Face und mediengestütztem Coaching, dem Vertrieb der Serviceleistung über die individuelle Homepage und über eine Plattform (DCP) und so weiter.

Lernen wird tatsächlich zu einer Lebensaufgabe

„Sowohl als auch" zu denken, erhöht die Eigenkomplexität, was einen entscheidenden Fortschritt beim Umgang mit Komplexitätsthemen darstellt. Zukünftig kann wahrscheinlich nur ein lebenslanges, lebensumfassendes und lebensnahes Lernen die Handlungsfähigkeit erhalten. In seiner sehr viel stärkeren Personalisierung, größeren Lebens- und damit Tätigkeitsnähe, seinen kürzeren und themenspezifischen Einheiten (Micro Learnings), komplett als Online-Kurs (MOOCs) oder als Lernen im virtuellen Raum (Augmented- oder Virtual-Reality-Anwendungen) wird sich das Lernen jedoch von der heutigen Lernerfahrung zunehmend unterscheiden. Die (lebenslange) Dokumentation erworbener Abschlüsse oder Kurszertifikate in einer entsprechenden Blockchain sind dabei für die breite Masse jedoch noch Zukunftsmusik.

Die Konzepte der 1990er-Jahre könnten eine Renaissance erfahren

Mit der zu befürchtenden Verschlankung der Personalentwicklungsabteilungen und der Weiterbildungsbudgets in den kommenden Dekaden und der zunehmenden Übertragung der Verantwortung an die Belegschaft wird es für den Einzelnen wichtig sein, hinsichtlich seines speziellen Fertigkeits- und Fähigkeitsportfolios zumindest up to date, also beschäftigungsfähig zu bleiben. Die bereits in den 1990er-Jahren aktuellen Themen des „Lernens zu (Ver-)Lernen" und des „selbstgesteuerten Lernens" erfahren so womöglich eine Wiederbelebung. Auch eine entsprechende, thematische Spezialisierung einiger externer (und auch unternehmensinterner!) Coachs zu Lern-Coachs wäre in diesem Zuge denkbar. Den dabei erzielten Lernfortschritt und Lernerfolg letztlich besser messen und dokumentieren zu können, wird durch eine nahezu durchgehende IT-Basierung des Lernprozesses immer leichter. Die heutigen, bereits sehr vielfältigen und sehr anspruchsvollen Kursangebote der „Open Universitys" im Netz (z.B. edEX, Khan Academy, UDACITY) geben hier einen ersten Vorgeschmack. Erfolgt die Lernerfolgskontrolle eher körpernah, unterstützen hierbei integrierte Funktionen in der Virtual-Reality-Technologie oder geeignete Wearables. Um die dabei generierten Daten (für den Klienten) auch auswerten und verstehen zu können, muss der zukünftige Coach zwar kein Data-Scientist werden; eine größere Affinität zu Technologie und Zahlen wäre jedoch hilfreich. Dass diese beschriebenen Rahmenbedingungen des Lernens auch Auswirkungen auf die Karrieremodelle und vor allem auch auf die beruflichen Identitäten von morgen haben werden, liegt nahe.

Die multiple Rollenkompetenz als Antwort auf das digitale Leben

Will man den teilweise sehr heterogenen und zeitgleichen Ansprüchen aus der realen und nun auch virtuellen Welt (z.B. den zahlreichen Social-Media-Kanälen) an das Selbst gerecht werden, ist die Erschaffung und Ausprägung multipler Identitäten nahezu unabdingbar. Was das „Leben" in der virtuellen Welt anbelangt, sind die bereits erwähnte virtuelle Lebenswelt „Linden World" des Unternehmens „Second Life" sowie die zurzeit hochaktuellen Ideen zum Thema „Metaverse" erste Auftakte für die Vielfalt der parallelen Realtäten, die uns in den nächsten Dekaden noch als lebens- und erstrebenswert verkauft werden. So ist es nicht verwunderlich, dass das Buch „Wer bin ich – und wenn ja, wie viele?" von Richard David Precht als Zeitzeichen unter anderem für diese Entwicklung zu einem Bestseller wurde. Denn multiple Rollenkompetenz wird immer mehr zu einer Anforderung des modernen, digitalen Lebens. Daher wird wahrscheinlich Identitäts- und Selbstmanagement zu einer (marketing-)technologischen und psychologischen Herausforderung für die Kompetenzentwicklung von Klient:innen und Coachs.

Coaching-Thema: der schmale Grat zwischen Selbstwirksamkeit und Selbstausbeutung

Schon in der Vergangenheit konnte man kritische Stimmen zu dieser Entwicklung vernehmen, unter Stichworten wie „Der flexible Mensch", „Das unternehmerische Selbst" oder „Der Arbeitskraftunternehmer", das „Netzwerk-Ich" oder die „We-Dentity", das „Quantified Self" oder eben das „metrische Wir". Es wurden Lebensentwürfe wie die „Crazy Quilts" diskutiert, die vielfältigsten Ausprägungen und Ansprüche an die „digitalen Zwillinge" oder aber die Vielzahl der „Dividuen" der postmodernen Lebens- und Arbeitswelt. Schwirrt Ihnen auch schon der Kopf? Gemein ist fast bei allen Konzepten, dass sie vom etwaigen Coaching-Klient:innen ein Mehr an Subjektivierung oder Selbststeuerung und -optimierung erwarten. Infolge der latent damit einhergehenden Freude an der dadurch wachsenden Selbstwirksamkeit und Selbstbestimmtheit gehen damit jedoch zugleich auch die Gefahren der „Selbstverwertung", Selbstentfremdung bis hin zur Selbstausbeutung einher. Sind Coachs mit diesen Denkmodellen vertraut, können sie hier durch Perspektivenwechsel, Bewusstmachung der eigenen

Wünsche des Klienten sowie der Balancierung und Reflexion dieser meist immanenten Ansprüche wertvolle Impulse zur Entwicklung und Gesunderhaltung der Klienten leisten.

„Das Leben an sich" wird zum Coaching-Thema

Das Konzept der „reflexiven Lebensführung" beschreibt dabei die Bewältigung dieser herausfordernden Alltagssituationen in zeitlicher, räumlicher, sachlicher, technischer, sozialer, emotionaler, sinnhafter und genderbezogener Hinsicht oder die mehr oder minder bewusste Festlegung und Koordination der genannten Dimensionen. Nahezu untrennbar gekoppelt mit diesem Themenkomplex ist die Zeit als knappe quantitative und qualitative Ressource, der permanent erlebte Zeit- und Leistungsstress sowie die nun unerlässliche, bewusste Selbstsorge und das Selbstmanagement zu dessen langfristig erfolgreicher Bewältigung.

Business-Coaching – ein Anachronismus?

Die Entfaltung der Bedingungen, Strategien und Konsequenzen von Zeit- und Leistungsstress folgt daher der kritischen Reflexion der latent geführten Diskussion um das eher integrative Konzept des „Life Coaching" oder dem wenig zeitgemäßen, weil abgrenzenden Konzept des „Business-Coachings". Obwohl wahrscheinlich ohnehin eher aus marketingtechnischen sowie „hierarchischen" Gründen etabliert (dabei ist der „Executive Coach" im „Business-Coaching" als die „Krone der Schöpfung" anzusehen), zeigten nach den Überlegungen des deutschen Pioniers zum Thema „Life Coaching" oder „Life Styling", Rolf Stiefel, spätestens die Ausführung zum Life Coaching von Buer und Schmidt-Lellek (2008) im gleichnamigen Buch, dass das Leben eigentlich zu mehrdimensional und zu komplex ist, um sich auf ein Themenfeld („Work" oder „Life") beschränken zu können.

Die meisten berufserfahrenen Coachs werden dies wahrscheinlich auch bestätigen. Wenn die Zeiten scheinbar immer dynamischer und beanspruchender werden, ist die physische und psychische Gesundheit oder Resilienz sowie die unter anderem zu deren Unterstützung notwendige Selbstsorge ein wichtiges Anliegen. Gesundheits-Coaching sowie ganzheitlichere, zum Teil philosophisch geprägte Themen wie Lebenskunst (oder „Life Styling"), Glück, Sinn, Verantwortung und so weiter könnten daher die Coaching-Inhalte zukünftig stärker bestimmen.

Veränderungen in Wirtschaft und Unternehmen

7.5

Die Veränderungen in der Wirtschaft und den Unternehmen führen zum einen zu neuen Geschäftsmodellen und Beschäftigungsverhältnissen („New Economy"). Zum anderen wird Human Resources (HR), also die Personalarbeit, zunehmend unter Digitalisierungsdruck kommen. Kompetenzen sowie das Verständnis von Karriere und Führung werden neu akzentuiert.

DCPs – die „neue Macht" der Zwischenhändler

Wurde Coaching seit den Anfängen in den 1980er-Jahren in Deutschland dem Kunden (C = Customer) vom individuellen Anbieter (B = Business) direkt angeboten (B-2-C), wandelten die nach und nach aufkommenden Coach-Pools das Distributionsmodell in ein B-2-B-2-C-Modell. Letzteres erfuhr durch das sich schnell im Internet entwickelnde Geschäftsmodell der Handelsplattformen eine Veränderung in dem Sinne, dass es potenziell zu einer Machtkonzentration beim Zwischenhändler kam. Denn wie beim Online-Händler Amazon und den Buchverlegern zu beobachten, können die monopolistischen Bestrebungen einiger Anbieter zu einer Marktdominanz führen und die Digital Coaching Provider die Preise und das Produkt letztlich rein kommerziell definieren. Im schlimmsten Falle würden nur noch wenige DCPs als Quasi-Monopolisten den Markt bestimmen – nachdem sie sich durch üppige Gelder von Investoren und aggressives Marketing über Wasser gehalten haben. Sie wären in diesem Negativszenario daher in der Lage, den Coachs das Honorar sowie den Einkäufern (Einzelkunden wie Unternehmen) die Preise zu diktieren, und würden das, was „gutes" Coaching ist, allein definieren. Dieser Logik folgend, würde nur noch das angeboten und stärker beworben werden, was am besten oder mit den höchsten Margen verkauft werden kann.

Technische Datensicherheit – ein neues Thema für Coachs

Es sollte von Coachs wie Einkäufern daher sehr genau geprüft werden, was der DCP mit den massenhaft anfallenden Daten macht und wie es um den Datenschutz und die technische Datensicherheit steht. Denn (kombiniert) mit anderen Daten fallen hier hoch sensitive und damit wertvolle Daten an, die – wie bei Facebook oder Amazon – buchstäblich Gold wert sind und folglich auch vor Datendiebstahl geschützt werden müssen. Um diese für den Coaching-Markt schlechteste Entwicklung nicht Wirklichkeit werden zu lassen und die vielen Vorteile von Plattformen insbesondere für die Endkunden zu realisieren, sollten Coachs wie Einkäufer von Coaching-Dienstleistungen genau hinschauen, für wen sie arbeiten und mit wem sie eine Geschäftsbeziehung eingehen wollen. Entscheidend ist dabei, welchen Geistes Kind das Management des DCP ist bzw. was die finanziellen, rechtlichen und datenschutztechnischen Konditionen sind. So „prüfe, wer sich ewig bindet" – oder ob in diesem Fall „Polygamie" und das zusätzliche Arbeiten auf eigene Rechnung nicht die klügere Strategie wäre. Festzuhalten bleibt, dass mit diesen neuen Playern am (Daten-)Markt das Business-Coaching nun wirklich ein Business geworden ist und jeder verträumte Idealismus von den Coachs abgelegt werden sollte.

Von HR-Daten zu „People Analytics"

Diese Verstärkung der Effizienz- und Effektivitätsbestrebungen war bei den Unternehmen mit der Entwicklung von bereichsspezifischen (z.B. Finanzen, Personal, Produktion etc.) Softwaremodulen bereits Anfang der 1970er-Jahre zu beobachten. Der deutsche Pionier und heute einer der Weltmarktführer für hoch integrierte Unternehmenssoftware, die SAP SE in Walldorf, zeigte mit der Abbildung bereichsübergreifend hoch integrierter Prozesse zum ersten Mal, wie eine Digitalisierung eines Unternehmens aussehen kann. Mit ihrem Strategiewechsel zu cloudbasierten Anwendungen und der Akquisition des Anbieters für das komplette Personalmanagement „SuccessFactors" im Jahr 2012 sowie zwei Jahre später mit der Softwarelösung „Fieldglass", welche die Beschaffung und Verwaltung insbesondere von externen Personal-Dienstleistungen (Stichwort: „Liquid Workforce") ermöglichte, wurde eine neue Stufe der Digitalisierung von Human Resources eingeläutet. Neben den technischen Vorteilen eines Zugriffs auf sämtliche HR-Daten von jedem Ort, zu jeder Zeit und von jedem internetfähigen Endgerät (Smartphone, Tablet etc.) aus stieß diese Entwicklung für die Nutzer zahlreiche inhaltliche Neuerungen an, die teilweise auch heute noch eine Herausforderung für traditionelle, also eher administrativ orientierte HR-Abteilungen darstellen – generell jedoch für den Datenschutz.

Im Fokus: die Evaluation des Mitarbeiterengagements

Konkret geht es dabei um die Möglichkeit zur kontinuierlichen Eigen- und Fremdevaluation des Engagements wie auch der Leistung und des Lerneifers von Mitarbeitenden, deren psychische und physische Verfasstheit („Well Being") sowie ihre zunehmend geforderte Veränderlichkeit hinsichtlich Rollen, Tätigkeits- und Verantwortungsbereichen. Ferner um die Abbildung informeller Organisationsstrukturen (Stichwort: „Organizational Network Analysis"; kurz: ONA) auf der Basis von Datenströmen – und dies bei „atmender" Belegschaftsgröße, fluider Beschäftigungsdauer und variantenreicheren Vertragszuschnitten. „Embedded", also integrierte „People Analytics" gibt dem Mitarbeitenden, dem Manager, dem Team und auch dem Unternehmen insgesamt jederzeit Auskunft darüber, wo der Einzelne oder die Gruppe steht oder was im Vergleich zu anderen, vergleichbaren Entitäten optimiert werden könnte. Was, wo und wann von dieser teilweisen Zukunftsmusik (insbesondere aus Gründen des Datenschutzes) gespielt wird, ist noch nicht abzusehen. Was daran ist für Coachs wichtig? Die damit einhergehenden Daten werden die Arbeitsrealität und damit auch den Erfolg des angestellten Coaching-Klienten bestimmen. Ein Wissen um diese Datenquellen und eine sachgerechte („Daten statt Raten") Verwendung wird mithin unerlässlich sein.

Prekäre Beschäftigungsmodelle nehmen zu

Gleiches gilt für die durch zunehmende politische und rechtliche Deregulierungen möglich gewordenen Beschäftigungsmodelle der „New Economy". Das neue Prekariat der Fahr- und Lieferdienste als Extrem vor Augen, stellt sich die Frage, welchen Preis die auch damit einhergehende „Freiheit" anormaler Beschäftigungsverhältnisse fordert. Es wird zunehmend befristete Jobs geben. Was früher Tagelöhner hieß, kommt heute als Gelegenheitsjobber oder Clickworker daher.

Coachs kennen die Sorgen ihrer Klienten aus eigener Erfahrung

Coachs, die ein reguläres Arbeitsverhältnis beendet haben, um meist als Solo-Selbstständige das Thema „persönliche Entwicklung" auch zum Beruf zu machen, können hier, da sie potenziell in der gleichen Situation sind, die Begeisterung, aber eben auch die Sorgen und Nöte ihrer plötzlich selbstständigen Klientel sehr gut verstehen. So stehen der fehlenden Einkommenssicherheit, einer eigenverantwortlichen Organisations-, Weiterbildungs-, Finanz- und Rentenplanung, den fehlenden Kollegen und dem permanent geforderten „Selbst" als Nachteile die Vorteile einer sinnvoll erlebten Arbeit (mit Menschen), zeitlicher Flexibilität, Freiheit der Kunden- oder Projektwahl (wenn man es sich leisten kann) und der Symbiose von persönlichem und beruflichem Wachstum gegenüber. Wirtschaftlich – und mithin gesamtgesellschaftlich – scheint durch die Digitalisierung die Schere zwischen (sehr) gut bezahlten und eher schlechter bezahlten, normalen Arbeitsstellen zunächst weiter aufzugehen. Wobei der Anteil der letzten Gruppe vermutlich stärker wachsen wird. Rekrutiert der

Der Geldbeutel bestimmt die Form des Coachings

zukünftige Coach vor diesem Hintergrund seine Kunden und Klientinnen, so sind die interessanten Margen wahrscheinlich, wie bisher auch, nur bei der sich verkleinernden Gruppe der „Besserverdienenden" zu holen. Die normalen Angestellten nutzen im Idealfall die immer häufiger anzutreffenden, unternehmensinternen Coach-Pools. Alle anderen können sich aus dem übervollen Markt an Coachs (über Plattformen) die preiswertesten heraussuchen oder zumindest für basale Themenstellungen sogar mit einem der zukünftig immer besser werdenden Coaching-Chatbots arbeiten.

Coaching-Honorare werden nicht mehr signifikant steigen

Die DCPs erhöhen die Transparenz auf dem Markt. Coaching entwickelt sich zum Käufermarkt, was auch heißt: Die Honorare werden in der Breite nicht mehr signifikant steigen. Wirtschaftlich erfolgreich sein können Coachs in der Zukunft (wie auch schon heute) eher durch ein unverwechselbares Profil und ein gut funktionierendes, diverses (Coach-)Netzwerk an ergänzenden oder redundanten Spezialisten, um auf diese Weise auch größere Unternehmensaufträge bearbeiten zu können. Durch einen solchen Zusammenschluss verschiedenster Coachs könnte auch eine Rundumberatung für alle Lebenslagen eines Klienten („Alles aus einer Hand") möglich sein. Die Verbreiterung des Leistungsspektrums um Training und Organisationsentwicklung ist – wie schon heute sichtbar – eine weitere Strategie, sich im verschärfenden Markt langfristig behaupten zu können. Nur muss dieser neue Markt erst einmal erobert werden.

Zukunftsfelder der Arbeit - von STEM zu STEAM

Die damit indirekt angesprochene Kompetenzerweiterung und der damit verbundene Wille und die Fähigkeit, lebenslang zu (ver-)lernen, ist für die Klient:innen und folglich auch für die Coachs unweigerlich an den Begriff der „Zukunftsfähigkeit" gekoppelt. Diese wiederum wird hinsichtlich des bislang geforderten Kompetenzkonglomerats STEM (= Scientific, TEchnical, Mathematical) durch die Integration der Künste (engl. „Arts" -> STEAM) – oder der damit geforderten kreativen und innovativen Denkweisen – eine Erweiterung erfahren. Denn sollte die KI in den nächsten zehn bis 20 Jahren die prognostizierten Fortschritte machen, werden die menschlichen Stärken im Vergleich zu den Computern eher in künstlerischen, philosophischen, sprachlichen, sozialen oder humanwissenschaftlichen Bereichen liegen. Dies entspricht auch der komprimierten Beschreibung der Zukunftsfelder der Arbeit durch Robert Reich, der seinerzeit Arbeitsminister des U.S.-Präsidenten Bill Clinton war. Er nennt sie die „5Cs der erkauften

Zuwendung": Computerisation, Caring, Catering, Consulting und Coaching. Skizzieren diese Berufsfelder, was erlernt werden sollte, umreißen nachfolgende Adjektive, wie sich das Lernen wahrscheinlich verändern wird (oder schon verändert hat): Neben dem bereits erwähnten (1) *lebenslangen* Lernen werden Aus-, Weiterbildungs- und damit auch Karrierewege immer häufiger (2) *nonlinear* sein. Lernprozesse werden meist „near" oder sogar „on the job" laufen und mithin (3) *parallel*. Bei allem notwendigen interdisziplinären und generalistischen Wissen muss zumindest ein Spezialbereich derart (4) *tief gehend* (i.S. einer „Mastery" oder „Excellence") beherrscht werden, dass sich die Person durch sie merklich von anderen abgrenzen kann. Deshalb wird es in den kommenden Dekaden infolge der weiterhin dynamischen Entwicklung der Technologie, Wirtschaft und Gesellschaft nicht mehr wie bisher ausreichen, diese Mastery nur einmal im Berufsleben und für ein Gebiet zu entwickeln, vielmehr muss sie (5) *zyklisch* erneuert werden.

Lernen: lebenslang, nonlinear, parallel, tief gehend und zyklisch

Der Coach als Rollenmodell

War und ist der Coach eigentlich schon immer ein Lernbegleiter, stellt sich angesichts der dargestellten Anforderungen an die Coachees die Frage, ob diese Rolle nicht noch viel konsequenter fokussiert werden müsste. Denn das „Lernen lernen" wurde im schlechtesten Fall selbst während der Zeit in der Universität nicht immer ausreichend verinnerlicht oder schlichtweg wieder vergessen. Der permanent geforderte „Growth Mindset" oder die Transformationsbereitschaft, der ggf. erforderliche Wechsel von einem befristeten Projektauftrag zum nächsten in wechselnden Teams und Unternehmen stellt zudem die Resilienz des Klienten auf eine harte Probe und will unterstützt und systematisch gestärkt werden. Da Lernen zudem stärker technisch unterstützt werden kann, ist der Klient sicher dankbar, diesbezüglich in seinem Coach ein Rollenmodell zu haben und, wenn es buchstäblich um Lerntechniken geht, auch dessen hoffentlich fortgeschrittene Digital Literacy, also seine Digitale Kompetenz, nutzen zu können.

Ist Modelllernen einer der einfachsten Arten zu lernen, kann der Coach (im Gegensatz zu dem virtuellen Chatbot oder Avatar) für den Klienten auch ein Rollenmodell für (eine neue Form der) Karriere sein. Denn der Wechsel zu dieser ggf. temporären und freiberuflichen Tätigkeit als Solo-Selbstständige wird auch für bisher regulär Angestellte zu einer (freiwilligen oder notwendigen) Erwerbsform werden müssen. So wird es neben dem linearen, unidirektionalen Drei-Phasen Modell

Nichtlineare Karrieremodelle werden zur Regel

(Ausbildung, Erwerbstätigkeit, Rente) immer öfter auch zu einem nonlinearen und multidirektionalen Multi-Phasen-Modell der „Karriere" kommen, die eher einer Patchwork-Arbeit oder einem Kaleidoskop gleicht. Angesichts der alles dominierenden Flexibilitätsanforderung an Organisationsstrukturen wird mithin eine vertikale Laufbahn von „unten nach ganz oben" immer seltener anzutreffen sein. Die sich alternativ dazu ergebende Erwerbsbiografie wiederum wird geprägt sein von (selbst-)bewussteren (internetgestützten) Auswahlprozessen in Bezug auf Unternehmen, Tätigkeit, Rolle und Verweildauer. Die Eigenwahrnehmung ist nicht mehr (nur) die des klassischen Angestellten, sondern die eines „Selbst-Unternehmers", welcher das Projekt „(Arbeits-)Leben" bezüglich der Inhalte, Orte, Unternehmen eigenverantwortlich gestalten möchte und wahrscheinlich auch muss.

Diagnostiker, Lern-Coach und Transformationsbegleiter

Die Entwicklung und Begleitung der dazu erforderlichen Einstellungen und Kompetenzen sollte geradezu ein Heimspiel für alle Coachs sein! Die notwendigen Kompetenzen zur Stärkung oder zum Erhalt dieser „Employability" erfordert aufseiten des Coachs Fähigkeiten als Diagnostiker (ggf. unter Zuhilfenahme von Wearables), Wissen und Fähigkeiten im Bereich des Job Sculpting und Work Designs, also als Arbeitsgestalter. Um einem Burn-out auf diesem Wege vorzubeugen und vor allem die zukünftig unerlässliche Selbstsorge zu aktivieren, ist praktisches Wissen zu „Resilienz" (auch Achtsamkeit) oder zu „Life Coaching" hilfreich. Zu der bereits erwähnten Rolle des „Lern-Coachs" wird sich daher die des „Transformationsbegleiters" mit neuer Akzentuierung hinzugesellen. Inwieweit auch neue Honorarmodelle für die sich womöglich auf gesamte Lebensphasen erstreckende Begleitung erforderlich werden und durchsetzbar sind, wird die Finanzstärke der zukünftigen Zielgruppen für Coaching zeigen.

Führung mit Blick nach innen und außen

Mit Blick auf das Thema Führung in Unternehmen verweist das aktuell verwendete Stichwort „LeaderSHIFT" auf die Notwendigkeit einer weiteren Schwerpunktverschiebung beim Thema Führung. Dabei geht es zum einen um die zunehmende Integration des „Selbst" oder der *Selbstführung* (vs. Fremdführung) im Rahmen von Shared und Distant Leadership. Zum anderen geht es um die Erweiterung einer bislang kontrollierenden, eher nach innen gerichteten Perspektive von Führung zu einer, die *Interaktion mit der Außenwelt* des Unternehmens fokussiert (mittels z.B. Social Media). Drittens geht es um die zunehmende Bedeutung der administrativen Führung der Belegschaft über die oben beschriebenen, potenziell komplett digitalisierten HR-Prozesse und das damit verbundene Thema *„Führung auf Distanz"*, um mit Emotionaler Intelligenz die wachsende Anonymität und Isolierung zu überbrücken.

Im Kern heißt dies, dass durch die steigenden Anforderungen an das Unternehmen auf personeller Ebene nun die transaktionale, effizienzbezogene Führung unabdingbar um transformationale, effektivitätsbezogene Führungsansätze zum sogenannten „Full Range of Leadership" ergänzt werden muss. Fachleuten ist nicht entgangen, dass die vorab mehr oder minder deutlich angesprochenen Führungskonzepte bereits (seit Jahrzehnten!) bekannt sind. Die geforderte „Beidhändigkeit" (= Ambidextrie) besteht jedoch nicht nur bei Führungsansätzen zur (1) *Zielfokussierung* der Mitarbeiter – also transaktional und transformational –, sondern erstreckt sich auch auf den Bereich der (2) *Interaktionsrichtung*, d.h. nach innen (z.B. mittels Empowering oder Super Leadership) oder nach außen in Form von z.B. Network- oder Open Leadership. Die dritte Erwartung an die „Beidhändigkeit" fordert deren Variabilität hinsichtlich deren (3) *Integrationsbestrebungen*, welche sich zwischen den gegensätzlichen Endpolen eines Shared Leadership (d.h. Heteronomie fördern) und des Self Leadership (d.h. Autonomie fördern) bewegen. Dieses „Tripel" an Beidhändigkeit verbindet sich bei Stenzel (2022, S. 372 f.) zum Modellbegriff des „ambidextrischen Tripletts der Führung", womit der Autor auf die zukünftige Notwendigkeit eines „Sowohl-als-auch" bei der Führung hinweisen will. Dabei geht es jedoch nicht darum, „alles" gleichzeitig zu machen, sondern ein Verständnis und eine Sensibilität zu entwickeln, wann was gefordert ist. Eine Analogie bemühend, geht es wie im realen Leben um den geschickten, d.h. situativ zielführenden Einsatz der rechten und/oder linken Hand. Und, ja: Auch dabei wird die eine Führungskraft geschickter bei der transformationellen Führung (z.B. als „Rechtshänder:in"), der geschickte „Linkshänder" hingegen bei den transaktionalen Führungsaspekten sein.

Ambidextrie als Führung mit „beiden Händen"

Wer jedoch als Coach zukünftig eher mit einem holistischen Führungsverständnis coachen bzw. wissen will, wo man hinsichtlich der Führungsfähigkeit ansetzen könnte, findet im genannten Metamodell eine integrative Zusammenstellung von Führungsansätzen. In ihrer geschickten, situativen Nutzung machen sie Führungskräfte selbst in komplexen und dynamischen Umwelten handlungsfähig. Damit die Führung auf allen drei Ebenen auch tiefgreifend und nachhaltig wirken kann, müssen überdies wahrscheinlich die Themen Team- und

Organisationsentwicklung für Coachs in den nächsten zehn Jahren an größerer Relevanz gewinnen. Benötigen kulturbeeinflussende Interventionen auch klassische Trainings- und Workshop-Maßnahmen, muss sich zukünftig jeder Coach fragen, wo die eigenen Kompetenzbereiche liegen und ab wann es nur zu einem dilettantischen „Me-too" kommen würde. Unabhängig von der Beantwortung dieser Frage hieße dies jedoch, stärker und langfristiger in Netzwerken zusammenzuarbeiten. Einen größeren Stellenwert infolge der Notwendigkeit der Führungskräfte zu intensiveren und kontinuierlicheren Interaktionen mit der Innen- und Außenwelt des Unternehmens mittels den dann aktuellen Kollaborations- und Social-Media-Tools wird demnach auch das individuelle Social-Media-Marketing erfahren.

7.6 Ethik als Leitfaden der Veränderung im Coaching

Viele Coaching-Verbände Deutschlands (wie z.B. DBVC und ICF-Deutschland) haben bereits seit Langem ethische Richtlinien. Die Digitalisierungsmöglichkeiten auch im Coaching sollten jedoch für die Community Anstoß sein, über die ethischen Implikationen des Einsatzes dieser neuen Technologien nachzudenken. Fokussiert sich die Diskussion bei den Plattformen eher auf die Themen Datenschutz und IT-Datensicherheit, Unternehmensethik, Online-Coaching oder das Arbeitsverhältnis zwischen Plattformbetreiber und den dort assoziierten Coachs, so stellen sich mit der angesprochenen Nutzung von virtueller Realität (über VR-Brillen) noch deutlich weiterführende Fragen – etwa nach den Auswirkungen des Wechsels zwischen den Welten, den (Manipulations-)Potenzialen und (Sucht-)Gefahren, wenn diese sich in der „Mixed Reality" vermischen. Im Falle des Einsatzes von Chatbots oder „Digital Humans" wird man zu einem nicht allzu fernen Zeitpunkt über das generelle (Macht-)Verhältnis und die Rechte von Menschen und in Teilgebieten kognitiv weit überlegenen Maschinen sowie zwischen Menschen und Robotern mit anthropomorpher Gestalt (Androiden oder Humanoiden) diskutieren müssen. Die damit verbundene Diskussion um die äußere Ähnlichkeit ist im Vergleich zu der Ähnlichkeit hinsichtlich des inneren „Geisteslebens" weniger bedeutsam. Denn wer darf, kann und wird entscheiden, wie viel Wissen, IQ, EQ, Bewusstsein eine Maschine haben soll – wie autonom sie sich beim Lernen entwickeln darf und wie viele Freiheitsgrade wir ihr bei der finalen Umsetzung zugestehen? Dass dies essenzielle Fragen der (Digitalen- oder Maschinen-)Ethik berührt und eines möglichst weitreichenden, gesellschaftlichen Konsenses bedarf, steht wohl außer Frage. Verantwortungsvoll agierende Coachs und deren Verbände sollten sich daher als Nutzer, als „Menschenentwickler" und Verfechter humanistischer Werte schon heute an dieser Diskussion beteiligen. Neben der Beschäftigung mit grundlegenden ethischen Ansätzen und Konzepten der Maschinenethik erfordert dies nach Ansicht des Autors die Entwicklung der sogenannten

Kompetenzen mit ethischer Dimension

- **„Digital Literacy"** (Informationskompetenz im Sinne von: Wie finden wir was wo im Netz und wie bewerte ich den Echtheitsgrad von Informationen?),
- der **„Privacy Literacy"** (Privatheitskompetenz im Sinne von: Welche persönlichen Informationen gebe ich wem, wann, wie und wo preis und wie kann ich mich vor einer Verletzung meiner Privatsphäre schützen?) und natürlich
- der **„Human Literacy"** („Nutzungskompetenz" im Sinne von: Was macht uns Menschen einzigartig und überdies anfällig gegenüber den Risiken bei der Nutzung digitaler Technologien?).

Der Coach könnte daher zu einem informierten Begleiter in und zwischen den digitalen Welten werden und in der Reflexion seiner generellen Haltung zur Digitalisierung, seiner Berufsethik und Verantwortung gegenüber dem Klienten zu einem aktiven Vertreter des von Nida-Rümelin (2018) formulierten „Digitalen Humanismus" werden.

7.7 Zukunftsszenarien für das Coaching-Umfeld

Die Realisierung der skizzierten Neuerungen im Coaching-Business wird maßgeblich auch durch die zukünftigen Entwicklungen des gesellschafts- und wirtschaftspolitischen Umfeldes bestimmt. Ich ziehe dazu drei Studien zur potenziellen Entwicklung dieser Faktoren in Deutschland heran (Stenzel, 2022). Fokussiert die Studie zum „Arbeitsmarkt im Jahr 2030" nur auf dessen nationale Entwicklung, stellt die Studie zur „Zukunft der Arbeit 2050" die Entwicklungen derselben in einen internationalen Kontext. Die dritte Studie analysiert „Deutschlands Stellung in einer globalisierten Weltwirtschaft bis 2030". Obgleich in Teilen zwangsläufig heute (2022) durch die vielen, einschneidenden Begebenheiten in der jüngsten Vergangenheit (das Ende der Trump-Regierung in den USA, COVID-19, Ukraine-Krieg etc.) unvollständig, bleiben die verbleibenden beschriebenen Rahmenbedingungen jedoch weiterhin gültig.

Gesellschafts- und wirtschaftspolitisch ist von der Coach-Community nicht viel zu hören

Zudem geht es bei der Darstellung makro- und mesoökonomischer Faktoren nicht so sehr um deren letzte Gültigkeit oder Realisierung, sondern eher darum, das Coaching oder die Coachs aus der aktuellen Fokussierung auf das Individuum zu lösen und dazu zu animieren, wieder das Gesamt- oder Umsystem mit einzubeziehen. Denn gesellschafts- oder wirtschaftspolitisch ist von der Coach-Community nicht viel zu hören, scheint der Zusammenhang zwischen Entwicklungen auf der Makro- und Mesoebene und deren Einfluss auf die Mikroebene verloren gegangen zu sein. Die Gründe dafür sind sicher vielfältig. Die Auswirkungen auf den Berufsstand und dessen Selbstverständnis sehe ich jedoch kritisch. Es ist nicht verantwortungsvoll gegenüber dem Klienten. In diesem Sinne sollte das vorliegende Kapitel in erster Linie als Impuls zum Nach-, Neu- und Umdenken verstanden werden. Die Webpage des Autors www.coaching-reset.de soll dazu eine entsprechende Diskussionsplattform bieten.

Literatur & Quellen

- Buer, F. & Schmidt-Lellek, C. (2008). Life-Coaching: Über Sinn, Glück und Verantwortung in der Arbeit. Göttingen: V & R.
- Nida-Rümelin, J. & Weidenfeld, N. (2018). Digitaler Humanismus: Eine Ethik für das Zeitalter der Künstlichen Intelligenz. München: Piper.
- Stenzel, S. (2022). Die Zukunft des Coaching-Business: Neuausrichtung an der Lebens- und Arbeitswelt des Klienten von morgen. Heidelberg: Springer Gabler.

8.

Digitales Coaching

In diesem Kapitel lesen Sie

Dieses Kapitel gibt einen Überblick über die neuen Digitalen Coaching Provider (DCPs) und deren Bedeutung für den Coaching-Markt. Zentrale Aussagen sind:

- Der Coaching-Markt wird digitaler.
- Die neuen Akteure, die Digital Coaching Provider, drängen mit Macht in den Markt.
- Digitales Coaching wird selbstverständlicher Teil des Coaching-Angebots werden.
- Digitales Coaching und die DCPs ersetzen nicht die persönliche Positionierung.
- Es geht noch viel weiter ...

Ein wachsender Markt 8.1

„Alles was digitalisiert werden kann, wird digitalisiert." So lautet ein berühmtes Zitat zur Digitalisierung von Carly Fiorina (ehemalige CEO von Hewlett-Packard), welches auch für das Coaching gilt. Coaching hat sich stetig weiterentwickelt und wurde den Bedürfnissen der Klientinnen und Klienten angepasst. Aus einem exklusiven Angebot für das Topmanagement wurde ein Standardinstrument in der Personalentwicklung für alle Hierarchieebenen. Gleichzeitig musste auch die Coaching-Profession auf die technologische Entwicklung (s. Kap. 7.2, S. 130) der vergangenen Jahre reagieren, um nicht stehen zu bleiben oder gar abgehängt zu werden.

Dennoch galt lange ein Aspekt im Coaching als unveränderlich; ja beinahe als Axiom für ein erfolgreiches Coaching: der persönliche, vertrauensvolle Kontakt zwischen Coach und Coachee. Trotz neuer technologischer Ansätze und Entwicklungen im Coaching, was das Format angeht, wie beispielsweise Telefon-, Video- und Avatar-Coaching, spielten diese lange für die meisten Coachs keine wesentliche Rolle. Allgemein galt, dass Coaching die unmittelbare Kommunikation braucht. Allenfalls konnten sich Coachs noch damit abfinden, dass man sich zuerst persönlich kennenlernt und dann auf ein mediengestütztes Format umsteigt. Noch vor einigen Jahren (Coaching-Umfrage 2015) waren es erst etwa 50 Prozent der Coachs, die gelegentlich bis regelmäßig digitale Medien im Coaching nutzten. Gleichzeitig war die überwiegende Zahl der Coachs der Meinung, dass unabhängig vom Thema das Face-to-Face-Format immer die geeignetere Alternative sei.

Das Axiom „Coaching geht nur Face-to-Face" ist geschliffen

Mit den rasanten Entwicklungen im Bereich der Nutzung digitaler Medien während der Pandemie hat dann der digitale Erfahrungsschatz vieler Coachs deutlich zugenommen und es wurde mit dem ein oder anderen Glaubenssatz aufgeräumt. So wurde deutlich, dass Coaching sehr erfolgreich digital durchgeführt werden kann. Auch haben neue Akteure am Markt bewiesen, dass man kein persönliches „Chemistry"-Meeting braucht (am besten noch mit drei unterschiedlichen Coachs), um den Coach auszuwählen, der am besten passt und mit dem das Coaching erfolgreich durchgeführt werden kann. Ein einfaches Zuordnen von Coach und Klient durch einen digitalen Vermittler funktioniert in der Regel genauso gut.

Doch bereits vor der Pandemie gab es Anzeichen dafür, dass sich der Markt mitten in einer digitalen Revolution befindet. Der Trend geht klar hin zu digitalen Formaten, was durchaus Vorteile für beide Parteien mit sich bringt. So kann die Klientin ihren Coach ganz nach ihren Bedürfnissen ohne räumliche Restriktion auswählen. Zudem entstehen weder Fahrt- noch Raumkosten und auch die Anfahrtszeit entfällt, wodurch digitales Coaching insgesamt günstiger angeboten und flexibler eingesetzt werden kann.

Der Coaching-Markt lockt Investoren

Allerdings entstehen nicht nur für Coachs und deren Klienten neue Möglichkeiten. Vielversprechende neue Geschäftsmodelle lassen Millionen von US-Dollar in Richtung neuer Akteure in den Coaching-Markt fließen. So wird der Wert des US-Unternehmens Betterup (gegründet schon 2013) auf über 1,73 Milliarden US-Dollar geschätzt. Man kann sich vorstellen, dass dies nicht nur mit der Vermittlung einzelner Coachings zu erreichen ist. Betterup gilt als Blaupause für viele deutsche Unternehmen, wie zum Beispiel CoachHub mit über 80 Mio. und Sharpist mit über 23 Mio. US-Dollar Investorenkapital. Gleichzeitig wollen sich etablierte Beratungsfirmen ihren Marktanteil sichern und entwickeln eigene digitale Vermittlungsplattformen. So ist z. B. Kienbaum Consultants International im Jahr 2020 mit seinem Coaching-Produkt evelop_me in den Markt gegangen.

8.2 Digital Coaching Provider

Aufgrund des hohen Informationsbedarfs haben Michaela Ritter und Jörg Middendorf die Umfragereihe „DCP360" (Middendorf & Ritter, 2020) initiiert, um für mehr Klarheit und Orientierung am digitalen Coaching-Markt zu sorgen. Plattform-Anbieter, die sowohl Dienstleistungen vermitteln als auch den Coaching-Prozess ganz oder teilweise durch eigene digitale Lösungen unterstützen, wurden im Rahmen dieser Umfragereihe „Digital Coaching Provider" (DCP) genannt.

Eine zentrale Erkenntnis der Befragung ist, dass sich die Geschäftsmodelle der DCPs zum Teil deutlich voneinander unterscheiden. So setzen sie recht unterschiedliche Schwerpunkte bei der Digitalisierung des Coaching-Prozesses. 7Fields sticht etwa mit einem hohen Digitalisierungsgrad der Coaching-Sitzungen hervor, für die diverse interaktive Tools zur Verfügung stehen. Bettercoach hat sich anfänglich mehr auf die administrativen Prozesse rund um das Coaching konzentriert und zog dann immer mehr mit der Digitalisierung der eigentlichen Coaching-Sitzung nach. Auch heißt DCP nicht, dass alle Anbieter ausschließlich 1:1-Videosessions vermitteln. Bei Sharpist und evelop_me trifft dies zwar bei 95 bis 100 Prozent des Coachings zu. 7Fields gaben jedoch an, nur ca. 88 Prozent des Coachings in digitalen Formaten zu vermitteln. Und bei Haufe Coaching und bettercoach halten sich Video- und Face-to-Face-Coachings sogar die Waage. Allerdings sind alle Aussagen über die DCPs mit Vorsicht zu genießen, da sich die DCPs ständig weiterentwickeln und sich die Marktakteure schnell ändern können. Allgemein und vereinfacht lassen sich folgende Besonderheiten pro DCP feststellen, die hier nur stellvertretend für viele weitere DCPs genannt werden:

Unterschiedliche Geschäftsmodelle und unterschiedlicher Grad an Digitalisierung

- **Haufe Advisory** (seit 2018, zuvor Klaiton) führt zwei separate Produktlinien: Haufe Consulting und Haufe Coaching. Haufe Coaching betrieb eine Coaching-Plattform, die je nach Kundenwunsch adaptiert werden konnte. So war es auch möglich, für einzelne Entwicklungsprogramme unterschiedliche Coach-Pools zu pflegen. Die Software ermöglichte es Organisationen, all ihre Bedürfnisse rund um Coaching und Leadership-Development digitalisiert zu managen. Im Januar 2022 haben sich Klaiton und Haufe allerdings bereits wieder getrennt, um eine strategische Neujustierung vornehmen zu können. Diese führte bereits im Februar 2022 dazu, dass Klaiton von CoachHub übernommen wurde.

- **CoachHub** (seit 2018 am Markt) bietet digitale Coaching-Lösungen für Mitarbeitende aller Karrierestufen an und ist auf klarem Wachstumskurs. Im Jahr 2021 kam es zum Zusammenschluss mit dem französischen Marktführer MoovOne und im Jahr 2022 zur Übernahme von Klaiton. Das eingeworbene Investorenkapital von CoachHub beläuft sich auf 80 Millionen US-Dollar (Stand: 2021). CoachHub verfügt nach eigenen Angaben über 500 Mitarbeitende aus unterschiedlichen Disziplinen, die einen weltweiten Pool von 2.500 Coachs managen sowie Anwendungen für das Web sowie für das Smartphone entwickeln und so Live-Coachings per Videokonferenz ermöglichen. Damit verfügt CoachHub höchstwahrscheinlich über die meisten Coachs sowie Mitarbeitenden aller DCPs in Deutschland.

- **bettercoach** ist seit 2017 am Markt und somit einer der älteren DCPs. Die Firma baut unternehmensspezifische Leadership-Experten-Pools mit (Bestands-)Coachs, Trainern und Beratern auf. Ihre Software lässt sich individuell an Kundenbedürfnisse anpassen und digitalisiert den gesamten administrativen Prozess von Anfrage bis Evaluation.

- **evelop_me** ist Anfang 2020 als Coaching-Produkt von Kienbaum Consultants International an den Markt gegangen und arbeitet fast ausschließlich mit Kienbaum-Coachs. Es setzt sich intensiv mit den Werten und der Kultur einer Organisation auseinander, um darauf ein kundenspezifisches Konzept aufzubauen. Dies kann durch den im Vergleich zu den anderen DCPs überschaubaren Coach-Pool optimal umgesetzt werden. Sowohl im Rahmen der Videosessions als auch für die Zeit zwischen den Sessions steht ein digitaler Methodenkoffer zur Verfügung.

- **Sharpist** verbindet seit dem Jahre 2018 1:1-Video-Coaching mit individualisierten Lernaufgaben. Die Aufgaben können entweder durch den Coach aus einer umfangreichen Datenbank ausgewählt oder auf individuellen Wunsch durch das Sharpist-Team in ein ansprechendes digitales Format überführt und dem Coaching-Klienten übermittelt werden. Die Klientin nutzt die Software als App auf ihrem Handy sowohl für die Videosessions als auch für die Aufgabenbearbeitung. Die Infrastruktur ermöglicht eine effektive Skalierbarkeit des Coachings für die gesamte Belegschaft. Mittlerweile beschäftig Sharpist um die 100 Mitarbeitende.

- **7Fields** ist eine Ausgründung aus dem Coaching Center Berlin. Damit baut das Team auf Erfahrungen aus 20 Jahren Executive Coaching und auf die Kompetenz aus der eigenen Ausbildung von über 200 Business-Coachs nach eigenem Organisationsmodell auf. Seit dem Jahre 2019 begleitet es unter dem Namen 7Fields Organisationen über alle Phasen der Personal-, Team- und Organisationsentwicklung hinweg – sowohl persönlich als auch softwarebasiert.

Reicht die Marktnische? 8.3

Die unterschiedlichen Schwerpunkte und Herangehensweisen lassen sich u.a. aus der Historie der DCPs ableiten. Bettercoach, CoachHub und Sharpist sind als Start-ups auf den Markt gegangen. Dadurch kamen sie schnell mit der Kundennachfrage nach weiteren Personal- und Organisationsentwicklungsangeboten in Berührung. Bettercoach hat sein Angebot und auch seinen Expertenpool entsprechend zügig erweitert, und Sharpist entwickelt ebenfalls bereits entsprechende Zusatzformate. Ähnlich sieht es auf der anderen Seite des Atlantiks aus: Auch Better-up, das mit seinem reinen digitalen Coaching-Produkt startete, hat sein Geschäftsmodell bereits auf alle Bereiche der Unternehmens- und Lebensberatung erweitert. Der Nischenbereich des Coachings allein reicht offenbar kaum aus, um einem Investment von 108 Mio. US-Dollar gerecht zu werden.

Haufe Coaching und evelop_me hingegen haben ihre Wurzeln bereits in der Personal- und Organisationsentwicklungsberatung. Aufgrund der gestiegenen Nachfrage und der vielversprechenden Entwicklungen auf dem Markt wurden sie beide als separate Coaching-Produktlinie definiert, sodass eine klare Positionierung in dem neuen attraktiven Geschäftsfeld möglich wurde. Bei 7Fields steht Coaching schon seit Anbeginn im Gesamtkontext der Personal- und Organisationsentwicklung. Oftmals werden hier Coaching-Prozesse in übergeordnete PE- und OE-Projekte eingebettet.

Coaching ist nur eine Facette des Geschäftsmodells

Auffällig bei fast allen Anbietern ist, dass Coaching nur eine (!) Form der Beratung oder der Personalentwicklung ist, die von den DCPs unterstützt wird. Letztlich ist der Coaching-Markt im Vergleich zum gesamten Beratungsmarkt zu klein, wie wir schon im Kapitel 3 gesehen haben. Für viele Plattformen wird Coaching der Einstieg in den gesamten Bereich der Weiterbildung, Personalentwicklung und der Selbst-Optimierung sein. Neben den direkten Dienstleistungen am Kunden wird auch die technologische Kompetenz im Bereich Administration und Datenverarbeitung einen guten Teil des Geschäftsfelds ausmachen.

8.4 DCPs als Vertragspartner

Zum Kundenprofil lässt sich feststellen, dass evelop_me, 7Fields und ehemals Haufe Coaching ihren Umsatz nahezu vollständig im deutschsprachigen Raum realisieren. CoachHub, Sharpist und bettercoach sind hingegen deutlich internationaler ausgerichtet. Bei den Top-Themen sind sich die befragten DCPs wieder sehr ähnlich: Führungskompetenzentwicklung, Teamentwicklung, Organisationsentwicklung, konkrete Problemsituationen im Beruf und neue Aufgaben nannten sie als häufigste Schwerpunkte. Als weitere Gemeinsamkeit wurde in den Gesprächen mit den DCPs sehr deutlich, wie entscheidend die Fähigkeit ist, sich an Kundenwünsche anzupassen. Standardlösungen sind in diesem Bereich kaum gefragt.

DCPs nehmen den Unternehmen viel administrative Arbeit ab

Für Unternehmen scheint vor allem das Outsourcing administrativer und organisatorischer Tätigkeiten attraktiv zu sein: Aufbau und Pflege des Coach-Pools entfallen für die HR-Abteilung. In den meisten Fällen steht ein größerer und vielseitiger Coach-Pool zur Verfügung, durch den auch Unternehmensstandorte mit geringerer Coach-Dichte bedient werden können. Auf Wunsch führen die DCPs die oft vernachlässigte systematische Evaluation der Coaching-Prozesse durch und übernehmen auch die gesamte Rechnungslegung. Insbesondere in der Einführungsphase erfolgt eine enge Betreuung.

DCPs nehmen die Coachs persönlich in Augenschein

Auf der anderen Seite stehen die Coachs als Vertragspartner der DCPs. Hier ergibt sich zum einen die Frage nach der Aufnahme in den Coach-Pool, zum anderen aber auch die Frage nach der Einsatzhäufigkeit pro Coach. Im Auswahlprozess steht bei allen DCPs das persönliche Gespräch im Vordergrund. Bei einigen Providern erfolgen zudem Coaching-Simulationen. Die Mindestanforderungen lehnen sich meist an die Kriterien des Dachverbands Roundtable Coaching (RTC) an, wobei die Verbandszugehörigkeit als solche eher als zweitrangig gilt. Besonderen Wert legen alle befragten DCPs auf eine Coaching-Ausbildung mit mehr als 150 Stunden und einen hochwertigen Erfahrungsmix aus Berufs-, Führungs- und Coaching-Erfahrung. Dabei erfolgt die Entscheidung zur Aufnahme bei allen DCPs weniger formalistisch als vielmehr auf Basis der persönlichen Gespräche und des Gesamteindrucks.

Die Frage nach der Einsatzhäufigkeit ist aus Coach-Sicht für die vergangenen Jahre eher ernüchternd. Die Aufnahme in den Pool bedeutet nicht automatisch ein regelmäßiges Zusatzeinkommen. So bestreiten nur wenige Coachs einen hohen Anteil ihres Coachings durch die DCPs. Die meisten Coachs wurden nur zwei, drei Mal pro Jahr von den DCPs gebucht (Stand: Coaching-Umfrage 2020/2021). Auch wenn die DCPs nach diesen Daten noch keinen großen Marktanteil haben, so ist doch anzunehmen, dass die Millionen an Investorenkapital weniger in die Honorare der Coachs als systematisch in die Akquise neuer Kunden fließen wird. Dadurch kann sich die Marktlage schnell verändern. Das gesamte Geschäftsmodell sowie der Markt für die DCPs ist darüber hinaus stark in der Entwicklung. Dies bedeutet für die Coachs, dass noch nicht vollständig klar ist, welchen Einfluss die DCPs auf die Häufigkeit von Coaching und das Honorar haben werden. Die ersten Daten aus der Coaching-Umfrage legen allerdings nahe, dass durch die DCPs bereits ein Druck auf die Endhonorare der Coachs erfolgen könnte.

DCPs – Fluch oder Segen für selbstständig agierende Coachs?

Gleichzeitig könnten sich die DCPs auch zu einer Art Türsteher für größere Konzerne in Bezug auf Coaching und verwandte Dienstleistungen entwickeln, sofern diese einen Exklusivvertrag mit diesen Anbietern abschließen. Dann würde von der Administration über die Bereitstellung qualifizierter Coachs und Berater bis hin zur konkreten Auftragsvergabe alles über die digitalen Dienstleister gehen, sodass der einzelne Coach kaum noch eine Chance hätte, bei solchen Kunden einen Fuß in die Tür zu bekommen. Der typische Freiberufler mit losem Netzwerk als Verstärkung hätte dann kaum noch eine Chance, in diesem Bereich des Business-Coachings mitzuspielen, und müsste sich um eine andere Zielgruppe kümmern, die noch nicht im Fokus der DCPs ist.

Als Neu-Einsteiger in den Coaching-Markt sollte man sich also von Anfang an mit dem Thema DCP auseinandersetzen, sich verschiedene Anbieter ansehen und ggf. austesten, wie die Zusammenarbeit mit dem ein oder dem anderen DCP funktioniert. Dabei sind die Hürden zur Zusammenarbeit nicht gerade niedrig, da die DCPs mittlerweile viele Coachs in ihren Pools versammelt haben. Generell gilt es, sowohl durch Ausbildung als auch durch Auftreten zu überzeugen. Je breiter und internationaler man einsetzbar ist, desto nützlicher für die DCPs. Da ein Erstkontakt zu den DCPs ohne großen Aufwand online möglich ist, können durchaus mehrere DCPs kontaktiert werden. Unabhängig von einer Zusammenarbeit mit den DCPs wird es in Zukunft wie selbst-

Digitales Arbeiten zählt zu den selbstverständlichen Kulturtechniken des Coachs

verständlich für Coachs dazugehören, dass digitales Coaching angeboten wird. Der Umgang mit verschiedenen Videokonferenz-Systemen (Zoom, Teams, Webex, Alfaview etc.) oder Kollaborationsplattformen (Trello, Miro, Padlet, Mural etc.) wird genauso vorausgesetzt wie die Fähigkeit, online coachen zu können. Dies werden so selbstverständliche Kulturtechniken wie Lesen und Schreiben sein. Es geht also nicht mehr darum, ob man Coaching via digitale Medien mag oder nicht. Es wird einfach vorausgesetzt, dass man auch diese Arbeitsweise als Kommunikationsprofi beherrscht! Das bedeutet nicht, dass man alles digital machen muss, es ist nur ein natürlicher, weiterer Zugang zu seinen Klientinnen und Klienten. Gleichzeitig sollte man, trotz aller Digitalisierung und den Millionen an Investorenkapital der DCPs, nicht davon ausgehen, dass die DCPs einen größeren Teil des eigenen Umsatzes garantieren. Die DCPs ersetzen also keine eigene Marktpositionierung und das eigene Marketing! Sie sind nur Teil der eigenen Überlegungen zum persönlichen Coaching-Markt.

8.5 Es geht noch viel weiter …

Wir haben in diesem Kapitel im Wesentlichen über Digitales Coaching als Coaching mit Unterstützung von videobasierten Kommunikationstools gesprochen und uns angesehen, wie sich einzelne Digital Coaching Provider in diesem Bereich aufstellen. Allerdings erschöpft dies noch lange nicht die Möglichkeiten des digitalen Coachings. Unter Digitales Coaching fallen zum Beispiel auch virtuelle Begegnungsräume, Chatbots sowie das Thema Künstliche Intelligenz (KI). An dieser Stelle wollen wir nicht alle möglichen Zukunftsszenarien und die damit verbundenen Technologien darstellen, die bereits jetzt am Horizont auftauchen. Wir möchten lediglich darauf hinweisen, womit man sich als Coach in Zukunft eventuell auch beschäftigen muss, wenn man sich langfristig am Markt erfolgreich positionieren will. Natürlich wird es auch Coachs geben, die allein in der Nische des 1:1-Präsenz-Coachings leben und arbeiten werden. Gleichzeitig sollten auch diese Coachs eine Idee davon haben, was noch alles kommen kann. Grundsätzlich bieten weitere Formen des digitalen Coachings auch softwarebasierte Elemente, die die Kommunikation und Interaktion, Reflexion und Verhaltensänderungen beim Klienten unterstützen.

Dies kann zum Beispiel im Rahmen virtueller Begegnungsräume stattfinden, die eine Erweiterung unserer bisherigen Kommunikationskanäle sind. Hier wird durch eine künstliche Welt ein geschützter Raum für die Begegnung und Zusammenarbeit geschaffen. Als Beispiel sei auf die Plattform CAI-World verwiesen. Mitgründerin Elke Berninger-Schäfer (Berninger-Schäfer & Webers, 2020) reichten die Möglichkeiten, die Video-Coaching bietet, nicht aus. Daher hat sie zusammen mit einer Informatikerin eine eigene „Welt" entwickelt, in der man neben Audio-, Video- und Text-Nutzung zusätzlich vorgefertigte „Tools" einsetzen kann. Anwendern steht nicht nur ein Whiteboard zur Verfügung, sondern auch ein Ressourcenbaum, ein Inneres Team, ein Soziogramm, Aufstellungen usw. Zugleich sorgte sie dafür, dass die Server in Deutschland stehen und der Datenschutz explizit gewährleistet wird.

Softwarebasierte Tools ermöglichen selbst asychrones Coaching

In Form von Avataren und mithilfe von VR-Brillen können sich Coach und Coachee in weiteren Anwendungen unabhängig von ihrer realen geografischen Position treffen und zusammenarbeiten. Dort stehen Flipcharts, Pinnwände, Figuren für Systemaufstellungen und alles, was sich Coach und Programmierer sonst noch als nützlich für ein Coaching vorstellen können, zur Verfügung. Der Raum kann auch als Dokumentationsmöglichkeit genutzt werden, sodass die Klientin auch nach der eigentlichen Coaching-Sitzung auf die Dinge zugreifen kann, die zuvor besprochen und visualisiert wurden. Wir werden also nicht nur räumlich unabhängiger im Coaching, sondern wir können auch zeitlich unabhängiger werden und das Coaching zum Teil asynchron weiterführen. Selbstverständlich können solche Räume auch durch Lerninhalte (Web Based Trainings, Lern-Videos, Learning Nuggets etc.) ergänzt werden. Sicherlich wird man sich irgendwann die Frage stellen, ob es hier noch um Coaching oder nicht vielmehr um Einzel-Training geht. Andererseits kann man sich auch Personalentwicklungsmaßnahmen vorstellen, die sowohl die Vermittlung von Wissen wie auch Coaching-Elemente vereint (Hybride Lernarchitekturen). Gleichzeitig können solche Räume auch weitere Möglichkeiten für Teams eröffnen, die geografisch verteilt an ihrer gemeinsamen Entwicklung arbeiten möchten. Auf der Arbeitsebene tun dies Teams bereits heute durch verschiedene Kollaborationstools wie Microsoft Teams, Miro, Trello, Slack und so weiter.

Zusätzlich gibt es bereits Chatbots, die Klienten unterstützen können, Themen systematisch zu reflektieren (Lömker et al., 2021). Diese Bots sind heute noch nicht „wirklich" intelligent, sondern stellen Fragen oder geben Antworten nach einem vorher festgelegten Schema. Chatbots sind heute vor allem als technische Support-Funktion von Websites bekannt, die helfen sollen, häufig gestellte Fragen (FAQs) schnell und ohne den Einsatz von teuren Mitarbeitenden zu beantworten. Wie gut das funktioniert, haben die meisten Leser wahrscheinlich selbst schon erfahren dürfen. Doch die Entwicklung von Chatbots ist noch lange nicht am Ende. Je besser diese Bots mit möglichen Fragen und Inhalten gefüttert werden, desto besser können sie auch auf das Gegenüber eingehen. Kommen im Hintergrund noch selbstlernende Systeme hinzu, wird also eine Künstliche Intelligenz verwendet, so werden diese Bots mit der Zeit immer besser. So weit sind wir allerdings noch nicht. Chatbots können Coachs heute nicht einmal im Ansatz ersetzen. Gleichzeitig schreitet der Fortschritt auch hier immer weiter voran. Wie so ein Coaching-Bot funktioniert, kann man sich kostenlos auf der Homepage einer der Autoren anschauen und erleben (bco-koeln.de, Drittinhalte aktivieren!). Dort findet man die BCO-Fee, die als Bot ein lösungsfokussiertes Coaching mit Interessierten durchführt. Schnell wird deutlich, dass so ein Bot kein reales Coaching ersetzen kann, aber vielleicht doch hilft, sich zu sortieren und zu reflektieren, was ja bereits Teil eines Coachings sein kann. Kommt dann irgendwann noch eine sogenannte Künstliche Intelligenz (KI) hinzu, wird es für Klienten eventuell kaum noch möglich sein, zu unterscheiden, ob auf der anderen Seite ein menschlicher Coach oder eine Software sitzt.

Bots – längst noch kein Coaching-Ersatz, aber eine Unterstützung

Mit KI zum lernenden Coaching-Bot

Unter Künstliche Intelligenz (KI) versteht man ein Gebiet der Informatik, das sich mit dem maschinellen Lernen beschäftigt. So kann ein Computersystem in einem ersten Schritt mit grundlegenden Informationen sowie kommunikativen Routinen ausgestattet werden. In einem weiteren Schritt muss dieses System nun in die Lage versetzt werden, zu beobachten, zu interpretieren, Zusammenhänge zu verstehen sowie Vorhersagen zu treffen. Je mehr ein solches System mit seiner Umwelt interagiert, desto mehr lernt es und schafft es immer besser, Zusammenhänge und Reize aus der Umwelt zu verstehen und angemessen darauf zu reagieren. Kombiniert man nun so ein lernendes System mit einem Chatbot, haben wir einen lernenden Coaching-Bot, der auf die individuellen Bedürfnisse eingeht.

Nun wissen wir ja aus der Coaching-Forschung, dass neben den Selbstmanagement-Fähigkeiten unserer Klienten vor allem die Beziehungsqualität für den Erfolg des Coachings notwendig ist. Auch dies ist für ein intelligentes System kein Problem, sagen die Entwickler. Indem er unsere Antworten und unser Verhalten analysiert, schafft es ein intelligenter Bot, sympathisch und empathisch zu wirken. Sie glauben das nicht? Nun, es gibt bereits ein Chatbot-Programm namens Replika, welches uns am Anfang unserer Begegnung Fragen stellt, um uns besser kennenzulernen. In Wirklichkeit lernt uns der Bot gar nicht kennen. Das Programm hinter dem Bot analysiert lediglich aufgrund unserer Antworten unsere Persönlichkeit und spiegelt diese in seinen Antworten wider. „Endlich mal jemand, der uns wirklich versteht!" Wir sprechen also mit einem Spiegel unseres Selbst und fühlen uns daher auch verstanden. Wer aber gibt seine Daten freiwillig Internet-Firmen, die damit ihre KI-Systeme füttern? Nun, so gut wie jeder Internet-Nutzer, „Payback"-Kunde oder Verwender von Fitness-Armbändern ... Diese Daten kombiniert mit einem Set an guten Coaching-Fragen, einem lernenden System, einer weiterentwickelten Emotionserkennung auf Seiten der KI – fertig ist der perfekt auf mich abgestimmte KI-Coach.

Die zentrale Frage: Wie lernt KI, empathisch zu werden?

Catrin Misselhorn (2021) erklärt in ihrem lesenswerten Buch, wie darüber hinaus eine automatisierte Emotionserkennung funktionieren kann: über Gesichtserkennung, teilweise ergänzt um Kopf- und Augenbewegungen sowie typische Verhaltensmuster. Die Gesichtsausdrücke werden mit Mustern in gigantischen Datensätzen abgeglichen, die Unternehmen in den vergangenen Jahren, beispielsweise über Dating-Plattformen, gesammelt haben. All das scheint schon recht gut zu funktionieren, vor allem unter Laborbedingungen. Dass dabei jedoch völlig vom Kontext abstrahiert wird, monieren Kritiker ebenso wie die Anfälligkeit solcher Methoden für Vorurteile. Ähnliche, aber andere Schwachstellen offenbart auch die stimmbasierte Emotionserkennung. Die Stimme wird über die Dimensionen Valenz und Erregungsgrad vermessen. Manche Anwender haben versucht, auf diese Weise Persönlichkeit zu kartografieren. Die Ergebnisse sind aber ebenfalls zweifelhaft. Ein dritter Weg führt über die sogenannte Sentimentanalyse. Dabei wird die Sprache auf besondere Begriffe und Gebrauchsformen abgesucht. Die gigantischen Social-Media-Plattformen sind das gefundene Fressen (Futter) für solche Analysen. Und seit dem US-amerikanischen Wahlkampf im Jahr 2016 wissen wir, die Logik lässt sich auch umdrehen: Robots können öffentliche Meinungen verändern.

Emotionen und Verhaltensmuster auslesen – Social Media liefern hierfür riesige Datenmengen

Der nächste Schritt besteht darin, eine automatische Emotionserkennung mithilfe von Bio-Sensoren umzusetzen. Auch das gibt es schon in Form von Wearables (Smart-Watches, Fitnesstracker etc.). Hier kann man sich allerlei hilfreiche Gesundheits- und Medizinanwendungen vorstellen. Aber auch im Gaming-Bereich gibt es schon Anwendungen. Führt man solche Methoden zusammen, erhält man multimodale Szenarien. Neben den zahlreichen technischen Herausforderungen eröffnen sich aber nicht minder zahlreiche ethische und juristische Probleme.

KI empfindet nicht, sondern simuliert nur Gefühle

Doch der bisherige Stand reicht Forschern und wirtschaftlichen Anwendern (natürlich) nicht. Ihre KI mag zwar inzwischen Emotionen erkennen können. Doch weiß die KI selbst bislang damit wenig anzufangen. Was wäre, wenn es eine gäbe, die Empathie tatsächlich empfinden könnte? Das könnte doch beispielsweise für Roboter in der Altenpflege sinnvoll sein – oder im Coaching. Dafür müsste die KI aber Kongruenz herstellen können, also eine Übereinstimmung ihrer affektiven Zustände mit einer Person. Zudem müsste sie Asymmetrie erleben, also ein Gefühl entwickeln, weil eine andere Person es hat und es der Situation angemessen ist. Und zum Dritten müsste die KI ein Fremdbewusstsein entwickeln. – Man muss es so klar sagen: Bislang sind alle Versuche, artifizielle Empathie nicht nur zu simulieren, gescheitert.

Bislang. Mit anderen Worten, diese Formen des digitalen Coachings werden kommen, aber es dauert noch ein wenig. Und bis dahin haben Sie sich schon als unverwechselbarer Coach im Markt positioniert.

Literatur & Quellen

- Berninger-Schäfer, E. & Webers, T. (2020). „Ich will aus meinem ganzen Repertoire schöpfen können“ (Interview). Wirtschaftspsychologie aktuell, 27(3), S. 33-36.
- Lömker, M., Weber, U. & Moskaliuk, J. (2021). Chatbots im Coaching: Chancen im lösungs-fokussierten Coaching. Wiesbaden: Springer Fachmedien.
- Middendorf, J. & Ritter, M. (2020). Disruptive Veränderungen am Coaching-Markt. Wirtschaftspsychologie aktuell, 27(3), S. 38-45.
- Middendorf, J. & Ritter, M. (2021). Coaching-Branche: Zur Professionalisierung gezwungen; Organisationsberatung – Supervision – Coaching, 28(2), S. 211-224. https://doi.org/10.1007/s11613-021-00700-z.
- Misselhorn, C. (2021). Künstliche Intelligenz und Empathie. Vom Leben mit Emotionserkennung, Sexrobotern & Co. Stuttgart: Reclam.
- Wagner, M. (2021). Plattformökonomie meets Coaching, Training aktuell, 32(11), S. 12-15.

9. Die Verbände: Ausbildung und Zertifizierung

In diesem Kapitel lesen Sie

Dieses Kapitel gibt Ihnen eine Orientierung über die Rahmenbedingungen, unter denen Coaching-Ausbildungen und Zertifizierungen in Deutschland angeboten und genutzt werden können.

- Im engen Sinne gibt es nur Coaching-Weiterbildungen, aber keine Coaching-Ausbildungen.
- Der Begriff Coaching ist nicht geschützt und Coaching als Tätigkeit nicht offiziell reguliert.
- Ausbildungsstandards der Verbände sind kaum vergleichbar, dennoch gibt es beachtenswerte Mindeststandards des Roundtable Coaching e. V.
- Zertifizierungen belegen in der Regel nicht die Qualität der Coaching-Tätigkeit von Coachs.
- Der Nutzen einer Verbandsmitgliedschaft lässt sich nur individuell bestimmen.

Coaching-Ausbildung und Zertifizierung

9.1

Tausende von Teilnehmenden strömen jährlich in diverse Coaching-Ausbildungen, um etwas für sich selbst zu tun, in der aktuellen Rolle als HRlerin oder Führungskraft noch besser zu werden oder später selbst als Coach tätig zu sein. Für den letzteren Fall soll eine solide Ausbildung und eine anerkannte Zertifizierung die Grundlage bilden. Doch die Auswahl einer entsprechenden Ausbildung und Zertifizierung ist alles andere als trivial – und zwar trotz oder vielleicht gerade wegen der vielfältigen Angebote und diversen Coaching-Verbände.

Coaching-Ausbildungen? Gibt es eigentlich nicht

Grundsätzlich ist festzustellen, dass Coaching in Deutschland nicht zu den staatlich geregelten Ausbildungsberufen zählt und es daher auch keine eigentliche Coaching- oder Coach-Ausbildung geben kann, sondern lediglich Coaching-Weiterbildungen. Denn Ausbildung und Weiterbildung sind zwei grundsätzlich unterschiedliche Bildungswege:

- Mit **Ausbildung** ist allgemein die Erstausbildung gemeint, also eine Berufsausbildung (Lehre oder Studium). Eine solche Ausbildung wird in einem geordneten Ausbildungsgang vermittelt, der staatlich anerkannt sein muss. Das regelt das Berufsbildungsgesetz (BBiG). Zuständige Stellen für solche Erstausbildungen sind i.d.R. die Kammern. Oder – für das Studium – die Hochschulen. Man beendet solche Ausbildungen mit einem staatlich anerkannten Berufsabschluss oder einem akademischen Grad.

- **Weiterbildungen** sind zusätzliche Bildungsmaßnahmen, die auf die Erstausbildung folgen können. Unter der Maxime „lebenslanges Lernen" vertieft und aktualisiert die Fortbildung die Kompetenz im eigenen Fach (bspw. an Akademien), Weiterbildung erweitert die Bildung über die bisherige fachliche Ausrichtung hinaus (allgemein, politisch oder beruflich). Daher sind sie zumeist Privatsache. Nur in wenigen Bereichen (z.B. Finanzberatung) bestehen gesetzliche Weiterbildungspflichten (§ 34c GewO).

Das hier relevante oberste Gut in der deutschen Rechtsordnung ist die grundgesetzlich geschützte Berufsfreiheit. Die hat der Gesetzgeber für den Bereich der Ausbildungen reguliert – aber nicht für den Bereich der Weiterbildungen. Deshalb darf sich folglich jeder und jede Coach nennen, was dem Ruf der „Coaching-Profession" nicht gerade zuträglich ist. Teilweise beschleicht einen auch das Gefühl, dass etliche Marktteilnehmer nicht gerade seriöse Angebote platzieren (Astro-Coaching, Chakra-Coaching etc.) und die Frage ihrer Qualifikation oft nebulös beantwortet wird.

Coaching-Weiterbildungsinstitute argumentieren, so gesehen, für eine qualitative Selbstverpflichtung, ein Upgrading der Marktteilnehmer. Deren Absolventen können dann ihrer Kundschaft gegenüber begründet versichern: Ich bin kein Selfmade-Coach, sondern habe sozusagen mein „Handwerk" – über einen gewissen Zeitraum, nicht ohne Mühe, sondern mit erheblichem Aufwand, und bei einem renommierten „Meister" – gelernt. Damit ergibt sich ein weiterer Vorteil für die Absolventen. Mit einer Coach-Weiterbildung schärfen sie ihr Profil (Unique Selling Proposition), sie heben sich von den anderen Marktteilnehmern ab, positionieren sich als besonders. Die Begriffe „Coaching-Ausbildung" oder „Zusatzausbildung" schließen an dieser Logik an. Die Anbieter wollen so den besonderen Wert ihrer Bildungsmaßnahme im Vergleich zu einem unvorbereiteten Praktizieren als Selfmade-Coach betonen. Im Markt hat sich der Begriff Coaching-Ausbildung oder Coach-Ausbildung durchgesetzt, auch wenn diese Weiterbildungen nicht staatlich oder durch übergreifende Kammern geregelt sind. Sachlich handelt es sich allerdings um Weiterbildungen.

Coach-Weiterbildungen schärfen das eigene Profil

Bei den geschätzten 400 privaten Coaching-Ausbildungsinstituten sind die Weiterbildungswilligen angesichts der Fülle und Heterogenität mit der Auswahl eines seriösen und passenden Angebots schnell überfordert. Daher sind verschiedene Akteure auf den Plan getreten, um die prinzipielle Entscheidungsunsicherheit der Nachfrageseite zu reduzieren.

Verbände: Hüter über die Qualitätsstandards

Die Zertifizierung solcher Weiterbildungen an privaten Instituten durch einen Verband bietet einen klaren Mehrwert gegenüber einem reinen Abschlusszertifikat eines Ausbildungsinstituts. Verbände stellen Standards für die Profession Coaching auf, verpflichten Mitglieder zu einem Verhaltenskodex (Ethikrichtlinien), vertreten Coachs in der Öffentlichkeit und bündeln durch Weiterbildungsordnungen das Feld. Sie erleichtern damit die Orientierung und legitimieren das einzelne Weiterbildungsinstitut als Teil eines größeren Ganzen. Sie sind allerdings selbst private Institutionen, kontrollieren sich selbst und regulieren andererseits den Markt. In Deutschland gibt es, wie schon im Kapitel 3 („Der Markt") beschrieben, über 25 Coaching-Verbände, die mit jeweils eigenem Selbstverständnis, Ausbildungs- und Zertifizierungsordnungen am Markt vertreten sind. Damit ist anstelle einer klaren Orientierung nur eine andere Form der Vielfalt getreten, die für Laien, und für Profis ebenso, schwer zu durchschauen ist.

Problematisch: Coach-Weiterbildungen sind lukrativer als das Coaching selbst

Dabei sollte nicht außer Acht gelassen werden, dass das Zertifizierungsgeschäft, für sich selbst genommen, recht lukrativ für die Zertifizierer sein kann, die vielleicht selbst Weiterbildungsanbieter sind. Böse Zungen lästern: Wer eine Weiterbildung anbieten möchte, solle gleich den passenden Verband dazu gründen. Coaching gehört sicherlich zu einer der Beratungsformen, so wie Mediation und Supervision auch, bei der es wesentlich einfacher ist, sein Geld mit der Weiterbildung zum Coach zu verdienen als mit dem Coaching selbst.

Eigeninteressen kollidieren mit der Idee eines Dachverbands

Da würde es naheliegen, dass es so etwas wie einen Dachverband aller Coaching-Verbände gibt, der verbandsübergreifende Standards und Zertifizierungen anbietet. Damit hätte man eine verbandsübergreifend anerkannte Stelle, die für Klarheit und Orientierung im Dschungel der Weiterbildungen und Zertifizierungen zum Coach stehen würde. Genau dies sollte durch die Gründung des Roundtable Coaching (RTC) erreicht werden: gemeinsame Standards, verbandsübergreifende Stellungnahmen zu wichtigen Themen und klare Richtlinien, die Interessierten eine gute Orientierung geben, sollten das Ziel sein. Gestartet ist der RTC als Diskussionsplattform für Verbände. Auf dem Weg zum Dachverband ist dann der ein oder andere Verband ausgeschieden, sodass aktuell von den über 25 Coaching-Verbänden nur sieben Verbände übriggeblieben sind, wobei die meisten dieser Verbände keine originären Coaching-Verbände sind, sondern Mischverbände, in denen auch andere Beratungsprofessionen vertreten sind. Auch hat jeder der vertretenen Verbände seine eigene Weiterbildungs- und Zertifizierungsordnung behalten. Dennoch gibt es durch den RTC formulierte Mindeststandards, an die sich jeder der sieben Mitgliedsverbände hält (wie diese aussehen, s. S. 174).

Zertifizierungen: Nicht der Weisheit letzter Schluss

Ebenso beliebt wie problematisch ist es, bei der Zertifizierung gleich den zweiten oder dritten Schritt vor dem ersten zu gehen: indem nicht nur das Weiterbildungsinstitut oder die Weiterbildung geadelt wird,

Zertifiziert sind auch uninspirierte Mitläufer einer Weiterbildung

Qualifikation ist nicht gleich Kompetenz

sondern gleich der Weiterbildungsabsolvent. Übersehen wird dabei geflissentlich, dass dieser Ansatz (Parole: zertifiziert = gut) grundsätzlich zu kurz greift. Es mag sich um ein ehrwürdiges Institut handeln, ob aber eine konkrete Weiterbildungskohorte gut gelaufen ist, muss man gleichsam nicht automatisch unterstellen. Und selbst wenn diese Weiterbildungskohorte als Gruppe gut gearbeitet hat, kann ein Einzelner lediglich mitgeschwommen sein. Diesen will man nun pauschal als „ausgebildeten Coach" zertifizieren? Soll dem Markt damit „Qualität" suggeriert werden? Der eng geführte Fokus auf Zertifikate (Personenqualität) scheint zwar im Markt zunächst plausibel und überwiegend akzeptiert zu werden, er übersieht aber, welche weiteren Faktoren für ein professionelles Coaching essenziell sind. So kann beispielsweise mangelhafte Unterstützung auf Organisationsseite oder sogar die Instrumentalisierungsabsicht des Coachs den Coaching-Erfolg ebenso massiv infrage stellen wie Limitierungen bei der Coaching-Architektur (Fokus allein auf den Klienten) oder beim Einsatz von Methoden. Wenn man Qualifikation mit Kompetenz verwechselt, unterstellt man naiv, dass Menschen, die einen Führerschein erworben haben, niemals gegen die Straßenverkehrsordnung verstoßen werden. Die Qualität eines Coachs oder eines Coachings sind nichts Statisches, sondern immer prozesshaft (siehe folgenden Kasten). „Kennst Du einen guten Coach?" Diese Frage, kann man vielleicht gut verstehen, aber sie lässt sich nicht seriös beantworten.

Qualitätsdomänen

In Anlehnung an DIN 33430 (Qualitätskriterien und -standards für berufsbezogene Eignungsdiagnostik) müssen drei Qualitätsdomänen ineinandergreifen:

- **Organisationsqualität:** professionelle Rahmung aufseiten der Organisation
- **Produktqualität:** angemessener Methodeneinsatz, angemessene Anwendungsdesigns
- **Personenqualität:** Kompetenz des Eignungsdiagnostikers

Diese drei Domänen sind Faktoren, wirken also multiplikativ zusammen. Ausfälle bei einem oder zwei Faktoren stellen das Gesamtergebnis grundsätzlich infrage. Wenden wir das aufs Coaching an: Sie haben zwar eine hochwertige Coach-Weiterbildung gemacht (Personenqualität), haben sich dabei aber hauptsächlich mit Organisationsaufstellungen als Methode beschäftigt. Das anfragende Unternehmen hat aber entschieden, dass „Herr Müller" eine Motivationsproblem hat, das der Coach beseitigen soll, und will sich auf keine weiteren Diskussionen über Themen wie Arbeitsgestaltung und Führung einlassen (Organisationsqualität). Zudem will das Unternehmen den Coach auf die Methode „Lauf über glühende Kohlen" festlegen (Produktqualität).

Mag sein, dass Ihnen dieses Beispiel als etwas drastisch erscheint. Es zeigt aber, dass Aufträge schwierig bis unmöglich werden können. Das Zertifikat und die damit behauptete Qualifikation allein reichen nicht aus, wenn die Organisation nicht mitspielt, sich einer professionellen Auftragsklärung verweigert und die diagnostizierten Probleme vielleicht sogar wenig mit dem Klienten selbst zu tun haben.

Stiftung Warentest legt fest: Was darf ein Coaching-Azubi erwarten?

In diese Falle ist die Stiftung Warentest nicht getappt. Sie hat sich nicht verleiten lassen zu definieren, was ein „guter Coach" ist. Sie hat lediglich den Erwartungsrahmen für eine hochwertige Coaching-Weiterbildung abgesteckt (Stiftung Warentest, 2013). Der Weiterbildungsaspirant, kann nun – ausgestattet mit diesem anspruchsvollen Kriterienkatalog – Weiterbildungen bewerten und sein Auswahlverhalten reflektieren.

Greifen bei Coaching nicht: Begriffsschutz und Berufsrecht

Ein zentrales Prinzip unserer Gesellschaftsordnung: die Berufsfreiheit

Es ist verständlich, dass manche Coachs es gerne sähen, dass man ihre Tätigkeit auf irgendeine Art schützen würde. Das würde als Respekt wahrgenommen. Respekt vor der Mühe an Kompetenzaufbau, der guten Arbeit, auch eine Wertschätzung gegenüber irgendwelchen „dahergelaufenen" Zeitgenossen, die in den Jagdgründen „wildern", die man lieber für sich reklamiert ... Oder ist das wahre Motiv vielleicht doch eher ein protektionistisches? Hier kommt die kalte Dusche: Man kann den Begriff Coach nicht schützen lassen. Denn ein oberstes Prinzip in unserer Gesellschaft ist die Berufsfreiheit. Sie hat verfassungsrechtlichen Rang. Jeder kann also – im Rahmen der Gesetzgebung – beruflich machen, was er will. Nur der Staat kann diese Berufsfreiheit einschränken und auch er darf das nicht pauschal, sondern muss es im Einzelfall gut begründen. Es gibt beispielsweise ein Psychotherapeutengesetz, um Schaden von der Allgemeinheit abzuwenden. Einem Coach traut der Gesetzgeber ein solches Gefahrenpotenzial offensichtlich nicht zu. Schließlich dürfen Familie, Freunde, der Friseur um die Ecke und so weiter ungestraft auch einen „guten Rat" geben. Und Eltern dürfen ohne Erzieherausbildung ihre Kinder erziehen.

Ein Interesse des Staates an einem Coaching-Berufsrecht ist in Deutschland bislang nicht festzustellen. Voraussetzung eines solchen Gesetzes wäre eine staatlich anerkannte oder wissenschaftlich fundierte Ausbildung zum Coach. Coaching ist aber – wie schon gesagt – eine Weiterbildung und als solche eine Privatsache.

Auch sind sich Coachs untereinander nicht einig darüber, ob der Begriff Coach bzw. Coaching überhaupt geschützt werden sollte. In der Coaching-Umfrage 2019/2020 wurde genau dies untersucht. Nach den Ergebnissen der Coaching-Umfrage Deutschland halten mehr als die Hälfte der befragten Coachs (51,4 Prozent) eine Regulierung des Coachings für sinnvoll. Ein Wert, der seit dem Jahr 2016 relativ stabil ist. Gleichzeitig hat sich das Lager der Regulierungsgegner deutlich verkleinert. Gaben im Jahr 2018 noch 31,3 Prozent an, eine Regulierung grundlegend abzulehnen, sind es Ende 2019 nur noch 23,4 Prozent. Weitere 25 Prozent waren in dieser Frage noch unentschieden.

Den Begriff Coach schützen? Vor allem etablierte Coachs sind skeptisch

Interessant ist, dass unter den Regulierungsgegnern vor allem ältere und besserverdienende Coachs sind. Sie werden häufiger von Unternehmen und damit lukrativer bezahlt. Die Regulierungsgegner verrechnen durchschnittlich höhere Stundensätze als Regulierungsbefürworter. So scheinen sich die etablierten Coachs mit überdurchschnittlichem Stundensatz nur wenig von einer Regulierung des Coachings zu versprechen. Sie haben scheinbar wenig zu gewinnen, aber vielleicht durch neue Regularien, Vorschriften und neue Qualitätsnachweise etwas zu verlieren. Schaut man sich das Lager der Befürworter genauer an, so findet man eher jüngere Coachs, die überdurchschnittlich häufig privat bezahlt werden. Jüngere Coachs sehen also eher die Notwendigkeit, dass der Coaching-Markt nicht durch schlecht oder gar nicht ausgebildete Coachs und unseriöse Anbieter unter Druck gerät. Hier könnten Zugangsregeln zum Coaching-Markt den Coachs einen Vorteil bieten, die gut ausgebildet sind, sich aber erst noch etablieren müssen.

Spitzt man die Frage zu und fragt nach dem Wunsch einer gesetzlichen Grundlage für das Coaching, ergibt sich ein ähnliches Bild: Fast die Hälfte der befragten Coachs (49,2 Prozent) befürwortet ein Coaching-Gesetz, während nur circa 18 Prozent ein solches Gesetz ablehnen und fast 33 Prozent noch unentschieden sind.

Markenschutz: Nur klare Unterscheidungsmerkmale sind schützbar

Diese Grauzone kann man bedauern, man kann sie jedoch auch als Freiheit und faire Wettbewerbssituation begrüßen. Das ist eine Mentalitäts- oder besser: eine Kulturfrage. Freuen wir uns über die Freiheit und die Möglichkeiten, die der Markt uns bietet? Oder misstrauen wir dem Markt und rufen nach einer regulierenden Autorität? Unter diesen Umständen – meine Freiheit ist die des anderen – kann eine Abgrenzung, eine Positionierung gegen Wettbewerber nur fair denkbar sein. Dies kann markenrechtlich geschehen. Wichtige Voraussetzung für die Schutzfähigkeit einer jeden Marke ist deren Unterscheidungskraft. Sogenannte generische Begriffe sind nicht schützensfähig (§ 8, Abs. 1, Ziff. 1 Markengesetz). Coach ist ein solcher generischer Begriff. So kann man zwar „Apfel" als Marke für Computer schützen lassen, aber eben nicht für Äpfel. Sonst würde ein Marktteilnehmer ein Monopol erwerben und den Markt dominieren können. Das wäre unfair. Zudem würden diverse andere Rechte (z.B.: freie Berufswahl) eingeschränkt. Was man schützen kann, ist „Senior Coach (DBVC)" oder „Master Certified Coach (ICF)", weil sich diese als (eingetragene) Marken aufgrund einer klaren Spezifikation (Aufnahme- bzw. Anerkennungskriterien des Vereins) von anderen Marken unterscheiden. Es wird also nicht dem alten Highlander-Motto gefolgt: Es kann nur einen geben! Sondern es wird Diversity gepflegt – oder wie man im Rheinland sagt: Jeder Jeck ist anders! Dann entscheidet der Markt.

Markenrecht will vor allem Monopolbildung verhindern

9.2 Zertifizierungsordnungen

Zertifizierungsordnungen gibt es so viele, wie es Coaching-Verbände gibt. Keine besitzt eine Allgemeingültigkeit und Legitimierung über den eigenen Verband hinaus. Gleichzeitig gibt es aber durch den oben genannten RTC eine Formulierung von Mindeststandards, die zertifizierte Coachs erfüllen sollen. Diesen Mindeststandards können sich, neben den Verbänden des RTC, durchaus auch weitere Coaching-Verbände inhaltlich anschließen, um so Personen, die sich für eine Weiterbildung zum Coach interessieren, bei der Auswahl der Angebote Orientierung zu bieten. Die Mindeststandards des RTC (zu finden auf der Website des RTC) umfassen:

Mindeststandards des Roundtable Coaching e.V. (RTC)

Personenbezogene Kompetenzen

- Selbstkompetenz, wie zum Beispiel Reflexionsbereitschaft und -kompetenz, Empathie, Lernfähigkeit u.a.
- Sozialkompetenz, wie zum Beispiel kommunikative Gestaltung von Beratungsbeziehungen, Wahrnehmungskompetenz von organisatorischen Werten und Kulturen oder auch der reflektierte Umgang mit Macht und Hierarchien

Fachkompetenzen

- Theoriekompetenz
- Analyse- und Interventionskompetenz
- Profilentwicklung als Coach

Instrumente und Verfahren zur Gewährleistung von Coaching-Kompetenzen

- Zugangsvoraussetzungen zur Qualifizierung zum/zur Coach, wie Hochschulabschluss, coachingrelevante Zusatzqualifikationen, Berufserfahrung etc.
- Qualitative und quantitative Aspekte der Qualifizierung, wie zum Beispiel mind. 150 Zeitstunden Qualifizierung in Anwesenheit von qualifiziertem Lehrpersonal und eine Mindestlaufzeit von zwölf Monaten der Qualifizierung

Voraussetzungen für den erfolgreichen Abschluss

- Abschlusspräsentation oder Kolloquium
- Abschlussarbeit zum Coaching-Konzept
- Abschlussprüfung
- Indikatoren- bzw. Evaluationskonzept für erfolgreiche Teilnahme
- Qualifizierungsexterne Begutachtung z.B. durch Lehrcoachs

Weitere Bedingungen

- Teilnahme an Intervision, Supervision oder Kontrollcoaching
- Teilnahme an Fortbildungen
- Teilnahme an bestimmten Aktivitäten im Verband
- Rezertifizierung

Das ist doch schon eine beeindruckende Liste, oder? Diese Regelungen zielen darauf ab, dass mit einer entsprechend aufgebauten Weiterbildung oder Qualifizierung, wie es beim RTC heißt, und der entsprechenden Leistung in der Weiterbildung zum Abschluss derselben ein Zertifikat vergeben werden kann. Dass es sich bei dieser Art von Zertifikat um eine sehr deutsche Bescheinigung handelt, wird klar, wenn man den Schwerpunkt der Zertifizierungsanforderung betrachtet: Neben den persönlichen Kompetenzen geht es viel um Formalia wie die Dauer und den Umfang der Ausbildung, ja sogar um die Vorbildung zur Ausbildung (z.B. Hochschulstudium) und die Fortführung der Weiterbildung nach der Ausbildung. Was aber nicht notwendig ist für die Erfüllung dieser Mindeststandards, ist die Qualität des realen Coachings in der Praxis. Ich kann mit einer entsprechenden Ausbildung also ein zertifizierter Coach sein und über praktisch keine oder nur sehr geringe Erfahrung im Coaching außerhalb der Weiterbildung verfügen. Was sagt es schon aus, dass ich drei oder fünf Jahre als Coach tätig bin, wenn echtes Coaching in dieser Zeit kaum durchgeführt wird? Auch kontrolliert niemand, ob ich die erlernten Standards in der Praxis anwende. Damit wäre die Zertifizierung so eine Art Führerschein. Der bescheinigt auch nicht, dass ich ein ordentlicher Autofahrer bin, sondern nur, dass ich die Regeln und die praktischen Grundlagen kenne, mit denen ich jetzt auf öffentlichen Straßen „üben" darf. In der Diktion des Qualitätsmanagements handelt es sich bei besagten Abschlusszertifikaten um Strukturqualität, also lediglich um Input, der der Praxis vorausgeht (s. Textkasten, S. 176).

Bei der Zertifizierung gehen RTC und ICF ganz unterschiedliche Wege

Ein eher angelsächsische Ansatz, vor allem in der Ausprägung in den USA, legt dagegen ganz andere Schwerpunkte. Hier gilt weniger die formale Ausbildung, sondern eher die tatsächliche Praxis, die dann auch überprüft wird (Prozessqualität; s. ebenfalls Textkasten, S. 176). So braucht es bei der International Coaching Federation (ICF) schon auf der niedrigsten Zertifizierungsstufe mindestens 100 Stunden durch Nachweise belegtes Coaching nach dem Start der Coaching-Ausbildung. Auf der höchsten Stufe sind es bereits mindestens 2.500 Stunden belegtes Coaching. Neben diesen Belegen (Listen und schriftliche Bestätigungen) müssen Aufnahmen von realen Coaching-Prozessen zur Begutachtung durch extra geschulte Assessoren vorgelegt werden. Auf der anderen Seite reicht für die niedrigste Zertifizierungsstufe eine formale Ausbildung von nur 60 Stunden.

Blicken die Zertifizierungsstandards des RTC vornehmlich auf die sogenannte Strukturqualität der Weiterbildung zum Coach, so fokus-

Qualitätsdimensionen

Während das Konzept der Qualitätsdomänen (s. Textkasten, S. 170 f.) das Zusammenwirken verschiedener Beteiligter betrachtet, also den Blick über den Coach hinaus ins Umfeld richtet, ist das Konzept der Qualitätsdimensionen eine zeitliche Betrachtung:

- **Strukturqualität:** Das sind die Voraussetzungen oder der Input, den der Coach (z.B. Qualifikation, Erfahrung), aber auch die Organisation (z.B. unterstützende Rahmenbedingungen) und der Klient (z.B. Motivation, Ziele) mitbringen.

- **Prozessqualität:** Hier wird auf den Prozess geschaut. Wie verhalten sich alle Beteiligten? Wie gelingt die Kooperation? Kann sich der Coach flexibel an die Bedürfnisse und das Tempo des Klienten anpassen? Wird die Unterstützung seitens der Organisation aufrechterhalten? Oder meint man, dass es nach fünf Sitzungen „gut" sein müsste? Lässt sich der Klient auf Methoden des Coachs ein? Oder blockt er ab?

- **Ergebnisqualität:** Wie sind die Ergebnisse zu bewerten? Sind alle Beteiligten zufrieden oder nur der Klient und der Coach? Und was bedeutet zufrieden? Haben Lernprozesse stattgefunden? Wurde Verhalten – nicht nur vom Klienten, sondern auch in der Organisation – verändert und aufrechterhalten? Und welche Veränderungen bei Produktivität, Qualität, Terminen und Kosten lassen sich ausmachen? Und stammen diese Veränderungen tatsächlich aus dem Coaching? Oder wurde der Chef, mit dem es immer Schwierigkeiten gab, versetzt? Wundersamerweise hat sich das Problem dann aufgelöst. Oder sind die Unternehmensergebnisse deshalb so gut, weil der Wettbewerb so schlecht ist?

Es ist also möglich, dass man trotz guter Strukturqualität eine weniger gute Prozessqualität beobachten mag. Ebenfalls ist es möglich, dass ganz andere Effekte als das Coaching zu einer Verbesserung im Unternehmen geführt haben – oder umgekehrt. Und so weiter.

sieren andere Verbände eher auf die Prozessqualität der eigentlichen Tätigkeit als Coach für die Zertifizierung.

Wir möchten an dieser Stelle gar nicht den einen Ansatz über den anderen erheben. Die dargestellten Unterschiede zeigen in erster Linie, dass hinter den verschiedenen Zertifizierungsordnungen vor allem unterschiedliche Philosophien und Ansätze stehen. Dies zu erkennen und zu verstehen, ist sowohl für Klientinnen und Klienten von Coaching-Leistungen wie auch für Teilnehmende von Coaching-Weiterbildungen eine Herausforderung. Wichtig ist es daher für jeden und jede Coach, diese Unterschiede zu kennen und seinen potenziellen Kunden auch erklären zu können. Die Konzepte Qualitätsdomänen und Qualitätsdimensionen – die Sie vielleicht aus dem Qualitätsmanagement kennen – in diese Diskussion einzubringen, kann dabei unseres Erachtens sehr hilfreich sein.

9.3 Zertifizierungen: Anforderungen und Rahmenbedingungen der Verbände

Wir können in diesem Buch nicht 25 oder mehr Zertifizierungsordnungen darstellen. Dennoch möchten wir mit ausgewählten Kriterien ein Angebot unterbreiten, mit denen Sie relevante Aspekte einer Zertifizierung von unterschiedlichen Verbänden vergleichen können. Beispielhaft wird an dieser Stelle dieses Schema genutzt, um fünf Verbände untereinander in Bezug auf ihre Zertifizierungen genauer zu betrachten. Dabei haben wir sowohl nationale wie auch internationale Verbände, große und kleinere, reine Coaching- und auch Mischverbände für die Gegenüberstellung ausgewählt. Wir vergleichen dabei jeweils die Anforderungen für die niedrigste Zertifizierungsstufe und die höchste Zertifizierungsstufe der Verbände. Dabei gelten für die höhere Zertifizierungsstufe in der Regel alle Bedingungen der niedrigeren Stufe plus zusätzliche Anforderungen. Als Verband wurden exemplarisch (und ein wenig willkürlich) ausgewählt:

- Deutscher Bundesverband Coaching e.V. (DBVC)
- Deutscher Coaching Verband e.V. (DCV)

- Deutsche Gesellschaft für Coaching e.V. (DGfC)
- Deutsche Gesellschaft für Systemische Therapie, Beratung und Familientherapie e.V. (DGSF)
- International Coaching Federation (ICF)

Verglichen werden die Zertifizierungen hinsichtlich folgender Aspekte:

- Ist eine Mitgliedschaft Pflicht für die Zertifizierung?
- Wie viele Zeitstunden (60 Min.) muss die Ausbildung mindestens umfassen?
- Wie viele Stunden (60 Min.) Coaching müssen nach Beginn der Ausbildung geleistet worden sein?
- Muss ein unabhängiger Wissenstest absolviert werden?
- In welchem Umfang muss ein Mentoring oder eine Supervision vor der Zertifizierung stattgefunden haben?
- Wird die Qualität des Coachings in der Ausbildung bewertet?
- Wird die Qualität des Coachings nach der Ausbildung bewertet?

Diese Betrachtung (s. Abb. 9.1, S. 179) umfasst nicht alle Aspekte und Dimensionen der verschiedenen Zertifizierungsordnungen. Im Sinne eines ersten Überblicks haben wir Dimensionen ausgewählt, die für die meisten Verbände relevant sind und/oder für die Bewertung der Aussagekraft eines Zertifikats wichtig erschienen. Es muss dennoch betont werden, dass eine vergleichende Betrachtung nach den vorgegebenen Kriterien den einzelnen Verbänden nur mit Einschränkungen gerecht werden kann. Wie oben bereits festgestellt, stehen hinter den unterschiedlichen Zertifizierungsordnungen unterschiedliche Philosophien, die durch die gewählten Kriterien nicht vollständig erfasst werden können. Auch wenn der folgende Vergleich anhand der gewählten Kriterien ein erster Schritt zur Auswahl eines passenden Verbands oder einer passenden Zertifizierung sein kann, so bleibt am Ende nichts anderes übrig, als selbstständig in die Philosophien, Ausbildungs- und Zertifizierungsordnungen von Verbänden zu schauen, die für einen infrage kommen.

Auch bei der Verbandswahl durch nichts zu ersetzen: der persönliche Eindruck

Jenseits der Analyse formaler Anforderungen und Rahmenbedingungen der unterschiedlichen Verbände empfiehlt es sich auch immer, lokale Gruppentreffen oder auch Konferenzen der entsprechenden Verbände zu besuchen, um ein besseres Gefühl für den Verband seiner Wahl zu bekommen. Auch fokussieren Verbände zum Teil auf bestimmte Zielgruppen (z.B. Business, Psychosozialer Bereich, Internationalität etc.), sodass nicht jeder Verband in jedem Bereich gleich stark vertreten ist. Grundsätzlich gilt bei der Auswahl des passenden Verbandes: Je klarer man sich über sein Profil als Coach und seine Zielgruppe ist, desto einfacher kann man den für sich passenden Verband finden.

Abb. 9.1: Vergleich einiger Verbandszertifizierungen

Verband	Zertifizierung	verpflichtende Mitgliedschaft	Std.-Umfang Ausbildung	mind. Std. an Coaching-Praxis nach der Ausbildung	Mentoring/Supervision zur Zertifierung	Performance Assessment unabhängig von der Ausbildung	Wissenstest unabhängig von der Ausbildung
DGfC	Coach	Ja	150		Ja	Nein	Nein
	Mastercoach	Ja	150 + 112,5	150 (Coachings während der Ausbildung können anerkannt werden	Ja	Nein	Nein
DBVC	Associate Coach	Ja, Fördermitglied	150	Nein (aber insg. mind. 3 Jahre Coaching-Erfahrung	Nein	Nein	Gutachtengespräch
	Senior Coach	Ja, ordentliches Mitglied	150	Nein (aber insg. mind. 5 Jahre Coaching-Erfahrung	Nein	Nein	Gutachtengespräch
DGSF	Systemische:r Coach	Nein	300	Nein	Ja	Nein	Nein
DCV	Coach	Ja	200	Nein	50 Std. professioneller Selbsterfahrung	Coaching-Gespräch mit einem Kommissionsmitglied	Zertifizierungsgespräch
	Seniorcoach	Ja	200	Nein (aber insg. mind. 8 Jahre Coaching-Erfahrung)	zusätzlich mind. 100 Std. Supervision	Coaching-Gespräch mit einem Kommissionsmitglied	Zertifizierungsgespräch
ICF	Associate Certified Coach	Nein	60	100 (Coachings während der Ausbildung können anerkannt werden)	Ja	Ja	Ja
	Master Certified Coach	Nein	200	2.500 (Coachings während der Ausbildung können anerkannt werden)	Ja	Zwei Audiorecordings realer Coachings werden bewertet	Ja

9.4 Nutzen einer Verbandsmitgliedschaft

Der wirtschaftliche Aspekt einer Verbandsmitgliedschaft ist gering

Den allgemeinen Sinn von Coaching-Verbänden haben wir oben bereits dargestellt. Aber lohnt sich die Mitgliedschaft in einem Verband tatsächlich für den einzelnen Coach? Diese Frage ist nur in Bezug auf die Erwartungen an eine Mitgliedschaft zu beantworten. In der 11. Coaching-Umfrage (2012/2013) wurden das Netzwerken und der kollegiale Austausch sowie die berufliche Interessenvertretung als bedeutsamste Faktoren für eine Mitgliedschaft benannt. Danach kam die eigene Weiterbildung und auf dem letzten Platz der wirtschaftliche Effekt einer Mitgliedschaft. Man darf sich also nicht automatisch mehr Geschäft durch eine Verbandsmitgliedschaft versprechen. Dennoch gibt es Unternehmen, die eine Mitgliedschaft in einem Verband oder sogar in einem bestimmten Verband als notwendige, wenn auch nicht hinreichende Voraussetzung für eine Tätigkeit als Coach voraussetzen.

Auch die Digital Coaching Provider (DCPs) setzen oft eine Mitgliedschaft in einem Verband voraus oder orientieren sich bei der notwendigen Ausbildung von Coachs an den Mindeststandards, die durch den Roundtable Coaching definiert wurden. Letztendlich treffen wir hier wieder auf das Problem, dass es keinen Verband oder eine sonstige Autorität gibt, die allgemeingültige Standards definieren können. Somit bleibt es oft den HR-Mitarbeiterinnen und -Mitarbeitern in den Unternehmen überlassen, was sie persönlich für eine vernünftige Zugangsvoraussetzung zum unternehmenseigenen Coaching-Pool festlegen.

Im Bereich des Coachings von Privatpersonen ist der Nutzen einer bestimmten Mitgliedschaft in einem Verband noch weniger zu erkennen. All dies mag sich in Zukunft ändern, doch bleibt der wirtschaftliche Nutzen einer Verbandsmitgliedschaft als eher gering einzuschätzen. Gleichzeitig sollte man nicht den Wert eines guten Netzwerks, einer lokalen Intervisionsgruppe oder der Weiterbildungsangebote der einzelnen Verbände unterschätzen. Vor allem wenn man, wie die meisten Coachs, allein am Markt unterwegs ist.

Epilog

Sie haben das Buch gelesen oder vielleicht sogar durchgearbeitet. Nun fängt die eigentliche Arbeit an. Das Ergebnis des Lesens eines solchen Buches kann nicht sein, dass Sie am Ende einen fertigen Business-Plan haben, der für die nächsten fünf oder zehn Jahre ihr geschäftliches Handeln bestimmt. Vielmehr haben Sie nun viele Mosaiksteinchen und vor allem faktenbasierte Informationen, die eine solide Grundlage für Ihre Selbstständigkeit als Coach bilden. Nachdem Sie die verschiedenen Canvas für sich ausgefüllt haben und sich so einen ersten Überblick über Ihre persönlichen Rahmenbedingungen und Einschätzungen für die Selbstständigkeit verschafft haben, gilt es, in einem iterativen Prozess mit diesem Material zu arbeiten und so zu der Coachin oder dem Coach zu werden, der oder die Sie sein wollen.

Lassen Sie sich auf dem Weg dorthin durch Experten nicht beirren, die Ihnen *den einen* richtigen Weg in die Selbstständigkeit aufdrängen wollen (z.B. „Lege Dich auf ein Thema fest und vergiss Deinen aktuellen Bauchladen" oder „Du brauchst eine systematische Social-Media-Strategie" oder „Du musst im Netzwerk arbeiten" oder „Stelle ins Zentrum Deiner Tätigkeit die Fragen nach dem Wozu / dem Sinn / dem Warum / dem Kundennutzen ..." etc.). Alle diese Ansätze haben ihre Berechtigung und können funktionieren. Ob der Ansatz aber auch für Sie funktioniert, können letztlich nur Sie und schließlich Ihre Kunden entscheiden. So haben auch wir betont, dass Sie Ihren Markt wählen müssen, Ihr Gesamtportfolio im Blick haben sollten und aufgrund Ihrer vielfältigen Kompetenzen ein Angebot für Ihre persönliche Zielgruppe gestalten müssen. Gleichzeitig haben Sie in unseren Experten-Interviews auch sehr erfahrene und erfolgreiche Coachs gehört, die über einen Zeitraum von acht oder mehr Jahren langsam ihren persönlichen

Schwerpunkt herausgebildet haben und damit keiner expliziten Geschäftsstrategie gefolgt sind. Sie haben angefangen, als Coach zu arbeiten, haben festgestellt, was funktioniert, wurden von Kunde zu Kunde empfohlen und irgendwann waren sie der Coach für Lebenskrisen von gestandenen Managern in Konzernen oder die Begleiterin von Transformationsprozessen im Mittelstand – auch wenn das nie am Anfang der Selbstständigkeit auf irgendeiner Canvas oder in einem Business-Plan stand.

Zum guten Schluss: doch drei Erfolgsfaktoren ;-)

Drei Faktoren erscheinen uns am Ende dieses Buches von besonderer Bedeutung für einen erfolgreichen Weg in die Selbstständigkeit:

Die Reflexion

Der erste Faktor ist – ihnen als Coach besonders vertraut – die Reflexion. Dazu diente die Lektüre dieses Buches. Reflexion über den Coaching-Markt, Ihre Kompetenzen und Ziele, die für Ihre Selbstständigkeit von Bedeutung sind. Diese Art der Reflexion hört mit dem Durcharbeiten des Buches nicht auf, sondern wird Ihnen ein ständiger Begleiter sein.

Der Dialog

Damit hängt der zweite Faktor zusammen: der Dialog mit anderen! Auch dieser Faktor ist Ihnen als Coach sehr vertraut. Es macht einen Unterschied, ob man allein stundenlang über ein Thema nachdenkt oder ob man dies im Austausch mit anderen macht. Ziel dabei ist es nicht, die Meinung von anderen zu übernehmen, sondern den eigenen Denk- und Entscheidungsprozess durch Austausch zu befruchten. Auch dies ist ein Prozess, der Sie – wie die Reflexion – ständig begleiten wird (zumindest sollte es so sein). Dadurch gehen Sie durch unzählige iterative Schleifen und kommen zu neuen und vertieften Erkenntnissen, die für Ihre erfolgreiche Selbstständigkeit von großer Bedeutung sind. Dazu ist es hilfreich, möglichst unterschiedliche Dialogpartner zu haben und sich nicht ständig mit dem gleichen Menschen auszutauschen. Je diverser Ihre Austauschpartner sind, desto stärker kann Ihr Denken befruchtet werden. Tauschen Sie sich über Ihre Gedanken und Pläne mit Kolleginnen, Konkurrenten, Klientinnen und ganz fremden Menschen aus, wo immer dies möglich und angebracht erscheint.

Die Aktion

Da diese ersten beiden Faktoren kein Ende haben, sondern Sie stetig in Ihrer Selbstständigkeit begleiten sollten, kommt dem dritten Faktor eine besondere Bedeutung zu: Werden Sie aktiv! Oder wie bereits ein römisches Sprichwort formuliert „Audaces fortuna adiuvat" (Das Glück ist mit den Tapferen). In der christlichen Welt als „Hilf Dir selbst, so hilft Dir Gott" oder in der arabischen Welt als „Vertraue auf Allah, aber binde Dein Kamel selbst an" bekannt. Etwas weniger kryptisch lautet unsere Botschaft: Warten Sie nicht, bis Sie alles bis ins Letzte ausgetüftelt, designt, geplant, entworfen, gedruckt und von Marketing-Experten abgesegnet bekommen haben. Werden Sie aktiv! Sie haben sich mit dem Markt und sich selbst auseinandergesetzt, Sie tauschen sich mit Kolleginnen und Freunden zu Ihren Vorhaben aus, nun sollten Sie mit dem beginnen, was schon jetzt für Sie klar ist: Sie wollen coachen! Coachen Sie! Nutzen Sie die Gelegenheiten, wo Sie sich Ihnen bieten. Sprechen Sie darüber, was Sie können und schaffen Sie sich dadurch selbst neue Gelegenheiten. Im Dreiklang von Aktion, Reflexion und Dialog werden Sie erfolgreich sein!

Viel Glück dabei wünschen Ihnen

Jörg Middendorf und Thomas Webers
Köln/Bonn, im Juli 2022

Autoren und Expertinnen

Die Autoren

Foto: privat

Jörg Middendorf

Jörg Middendorf ist Diplom-Psychologe und Leiter des BCO Köln. Er ist als Berater, Coach [MCC (ICF), Senior Coach (DBVC)] und Coach-Ausbilder tätig. Das BCO hat von 2002 bis 2022 die älteste und größte Langzeitstudie zum deutschen Coaching-Markt herausgegeben. Jörg Middendorf ist bekannter Buchautor (z.B. Lösungsorientiertes Coaching). Das BCO bietet eine Coaching-Ausbildung sowie Team-Coaching-Fortbildungen für Coachs und Berater an. Vor seiner Selbstständigkeit war er interner Coach bei McKinsey und Personalentwickler bei der Bayer AG.

BCO Büro für Coaching und Organisationsberatung
Jörg Middendorf
Augustinusstraße 11d
50226 Frechen-Königsdorf
+49-2234-933 51 91
Middendorf@BCO-Koeln.de
www.BCO-Koeln.de

Foto: Schafgans DPhG

Thomas Webers

Thomas Webers ist Dipl.-Psychologe, Dipl.-Theologe, Fachpsychologe Arbeits- & Organisationspsychologie (DGPs/BDP), Wissenschaftsexperte Coaching (DBVC), Business-Coach, Lehrbeauftragter div. Hochschulen und Publizist. Er hat u.a. das Coaching-Magazin mitbegründet und fünf Jahre als Chefredakteur geführt sowie das Lehrbuch „Systemisches Coaching. Psychologische Grundlagen" verfasst. Heute ist er Mitherausgeber der Fachzeitschrift Organisationsberatung – Supervision – Coaching (OSC) sowie Co-Editor des Online-Magazins Managementwissenonline.de

Thomas Webers
Paulstraße 9
53111 Bonn
+49-228-63 10 55
coaching@thomas-webers.de
www.thomas-webers.de

Der Gastautor

Stefan Stenzel

Foto: Sascha Dreher

Stefan Stenzel ist Diplom-Psychologe und arbeitet seit 2001 bei der SAP SE als HR Senior Expert Consultant im PE-Bereich der globalen Führungskräfteentwicklung. Mit kurzen Unterbrechungen ist er seit 2002 global u.a. verantwortlich für externe Coaching-Services über alle Management-Level hinweg. Ebenfalls seit 2002 arbeitet er als interner Coach bei der SAP SE.

2004 war er erweitertes Gründungsmitglied bzw. erster Unternehmensvertreter (FCIO) im DBVC e.V. Dort ist er heute Co-Lead im Fachausschuss Forschung und Mitglied des Sachverständigenrats (SVR) sowie der Fachgruppe der Unternehmensvertreter (FCIO).

Die langjährige Erfahrung im Bereich Coaching und Führungskräfteentwicklung bzw. die Arbeit bei einem der global führenden IT-Unternehmen veranlasste ihn 2022 das Buch „Die Zukunft des Coaching-Business" zu veröffentlichen. (Das Kapitel 7 in diesem Buch ist eine Kurzfassung davon.)

Stefan Stenzel
E-Mail privat: kontakt@coaching-reset.de
E-Mail SAP SE: stefan.stenzel@sap.com
Tel. SAP Büro: +49-6227-7-661 08

Disclaimer: Die im Interview geäußerten Meinungen von Stefan Stenzel sind ausschließlich persönliche Sichtweisen und geben nicht die Position der SAP SE wieder.

Die Expertinnen und Experten

Foto: Dagmar Kolatschny

PD Dr. Thomas Bachmann

Thomas Bachmann ist Dipl.-Psych., Gründungsmitglied und Partner der artop GmbH. Studium der Arbeits- und Organisationspsychologie, Klinische Psychologie sowie Informatik, wissenschaftlicher Mitarbeiter am Lehrstuhl für Methodenlehre und Statistik, 1997 Promotion in der Kognitiven Psychologie, 2019 Habilitation u.a. zu Systemtheorie und Gestalttherapie. Seit 1993 Berater, Trainer und Coach (DBVC, ICF), seit 2001 Ausbilder und Lehrtrainer für Coachs und Berater.

artop GmbH – Institut an der Humboldt-Universität zu Berlin
PD Dr. Thomas Bachmann   +49-30-44 012 99-0
Christburger Str. 4   bachmann@artop.de
10405 Berlin   www.artop.de

Foto: Erna Drion

Andrew Bunting

Andrew Bunting ist gebürtiger Engländer, Dipl.-Ingenieur und langjähriger Marketing-Manager bei Intel Corp. Er hat seine Coaching-Ausbildung (IHK) 2015 abgeschlossen und unterstützt Führungskräfte und Teams, ihren Herausforderungen mit neuen Perspektiven und Sichtweisen zu begegnen. Seine besonderen Themen sind dabei Energie, Stress und Gesundheit.

Seit 2017 ist er aktives Mitglied in der ICF und hat sich als Chapterhost in München, ICF-Deutschland-Vorstandsmitglied und Gründer der English Speaking Coachs In Germanyl engagiert. Seit 2021 ist er auch Partner bei Parents@work und bietet Peer-Coaching-Programme in Unternehmen an, um eine bessere Vereinbarkeit von Familie und Beruf zu verwirklichen.

Andrew Bunting   +49-89-63 85 23 35
Deltago – Change Leadership   +49-173-3602882
Togostr.35a   andrew.bunting@deltago.de
81827 München   www.deltago.de

Peter Koshorst

Foto: Anette Hammer

Volle Kraft voraus! Peter Koshorst steht dafür, dass Menschen und Unternehmen in die volle Kraft kommen, ihre Zukunft selbst zu entscheiden. Er ist geprüfter und zertifizierter individualpsychologischer Coach, Supervisor, Strategiecoach und Ausbilder und war lange Geschäftsführer der erfolgreichen EKS Akademie und zwei eigener Agenturen für Fortbildungen in der Pharmaindustrie. Für Unternehmen und Einzelpersonen wandelt er strategische Engpässe in Erfolgstreiber für eine fantastische Zukunft um! Seit 1992 selbstständig und seit 20 Jahren als Coach und psychologischer Berater unterwegs. Auf dem Weg hat er zahlreiche Unternehmer:innen und normale Menschen begleitet.

RADIUS Psychologische Beratung & Coaching
for modern business people
Peter Koshorst
Benrather Str. 3
42697 Solingen

+49-212-40 08 49 49
+49-171-466 34 59
koshorst@radius-beratung.de
www.radius-beratung.de

Christine Moscho

Foto privat

Christine Moscho ist Diplom-Wirtschaftsingenieurin, MBA und seit 2010 selbstständig mit Moscho Leadership Coaching als Senior Coach DBVC, Trainerin und Moderatorin tätig. Zu ihren Klienten zählen Führungskräfte und ihre Teams in DAX-Unternehmen, KMU und Beratungen. Seit 2018 gehört sie dem Vorstand des Deutschen Bundesverbands Coaching an. Vor ihrer Selbstständigkeit war sie über zehn Jahre Unternehmensberaterin, zuletzt in Führungsrolle bei Simon, Kucher & Partners.

Moscho Leadership Coaching
Christine Moscho
Heideweg 18
51503 Rösrath

+49-2205-937 01 11
cm@moscho-coaching.com
www.moscho-coaching.com

Foto: Eric Havelka

Anke Paulick

Anke Paulick ist Mitgründerin und Geschäftsführerin des Coaching-Chatbot-Start-ups evoach. Als zertifizierter Coach mit langjähriger digitaler Erfahrung begleitet sie Coachs auf dem Weg in die digitale Zukunft. Als Konzern-Führungskraft bei Lufthansa, Bertelsmann und United Internet hat sie mit ihren Teams neue digitale Geschäftsmodelle umgesetzt. Anke ist Betriebswirtin, hat einen MBA der University of Oxford und hat sich als Systemischer Coach, Moderatorin, Scrum Master und Team-Coach weitergebildet. Sie ist im Vorstand von ICF Deutschland für die Virtual Education und Digitalisierung verantwortlich.

Anke Paulick
evoach GmbH
Haid-und-Neu-Str. 7
76131 Karlsruhe

+49-171-291 80 67
anke@evoach.com
www.evoach.com

Foto: privat

Silvia Richter-Kaupp

Silvia Richter-Kaupp ist Diplom-Betriebswirtin FH und Master Certified Coach ICF und seit 1997 selbstständig als Leadership Coach. Sie ist Ausbildungsleiterin einer ICF-akkreditierten Coaching-Ausbildung mit weltweiter Anerkennung. Ihr Coaching-Ansatz ist ganzheitlicher Natur. Sie ist überzeugte Eklektikerin und nutzt evidenzbasierte Ansätze genauso wie spirituelle Methoden. Silvia liebt es, Selbst-Coaching-Tools zu entwickeln und Bücher zu schreiben. Sie brennt dafür, Menschen dabei zu helfen, ihrem Leben das Update zu geben, mit dem sie glücklich sind.

Silvia Richter-Kaupp
Eisenlohrstraße 21
76135 Karlsruhe

+49-721-937 48 10
silvia@richter-kaupp.de
www.richter-kaupp.de

Anne Schweppenhäußer

Foto: Lydia Krüger

Anne Schweppenhäußer ist Dipl.-Psychologin (Schwerpunkt Arbeits- und Organisationspsychologie), Master Certified Coach (ICF), Mentorcoach, Senior Coach BDP. Hogan Assessments Zertifizierung, Narrative Coach Certified Practitioner. Seit 1991 Trainerin und Coach in Bereichen der Personal- und Organisationsentwicklung in Industrie, Dienstleistung und Verbänden mit den Spezialgebieten Business-Coaching, Teamentwicklung und Change-Management.

C!CERO Organisationsentwicklung GmbH
Anne Schweppenhäußer
Überkinger Straße 36
70372 Stuttgart
+49-711-83 88 53 40
anne.schweppenhaeusser@cicero-oe.de
www.cicero-oe.de

Dr. Robert Wegener

Foto: https://reflected.ch/

Dr. Robert Wegener ist Dozent für Coaching an den Coaching Studies FHNW und seit 2010 Coach sowie Coaching-Supervisor in eigener Praxis. Seit 2020 ist er zudem Inhaber einer Firma für stellensuchende Menschen, im Rahmen derer Coaching als Rückgrat professioneller beruflicher Wiedereingliederung eingesetzt wird. Robert Wegener ist zudem Autor diverser Coaching-Publikationen und Mitautor der großangelegten Delphi-Studie zur Zukunft von Coaching in der DACH-Region.

Robert Wegener Coaching
Dr. Robert Wegener
Rütlistrasse 21
CH-8307 Effretikon
+41-78-768 25 33
rw@robertwegener.ch
www.robertwegener.ch
www.steco.ch

Literatur & Quellen

- BCO / Jörg Middendorf (o.J.). Coaching-Umfrage Deutschland. Ergebnisse der Umfrage von 2010 – 2022. https://coachingumfrage.wordpress.com/startseite/bisherige-ergebnisse-2/.
- BDU (2021). Facts & Figures zum Beratungsmarkt 2021. https://www.bdu.de/media/355573/facts-figures-vorjahr.pdf.
- Berninger-Schäfer, E. & Webers, T. (2020). „Ich will aus meinem ganzen Repertoire schöpfen können" (Interview). Wirtschaftspsychologie aktuell, 27(3), S. 33-36.
- BfA (o.J.). Existenzgründung und Gründungszuschuss. https://www.arbeitsagentur.de/arbeitslosengeld/existenzgruendung-gruendungszuschuss.
- BMWi (o.J.). Existenzgründung – Motor für Wachstum und Wettbewerb. https://www.bmwi.de/Redaktion/DE/Dossier/existenzgruendung.html.
- Böning, U. & Fritschle, B. (2008). Coaching fürs Business. Was Coachs, Personaler und Manager über Coaching wissen müssen (2. Aufl.). Bonn: managerSeminare.
- Bozer, G. & Jones, R. J. (2018). Understanding the factors that determine workplace coaching effectiveness: A systematic literature review. European Journal of Work and Organizational Psychology, 27(3), S. 342-361.
- Buer, F. & Schmidt-Lellek, C. (2008). Life-Coaching: Über Sinn, Glück und Verantwortung in der Arbeit. Göttingen: V & R.

- DIHK (o.J.). Gründungsberatung. https://www.dihk.de/de/suche?typeahead=Gr%C3%BCndungsberatung.
- DPtV (2021). Report Psychotherapie 2021 (2. Aufl.). https://www.dptv.de/fileadmin/Redaktion/Bilder_und_Dokumente/Wissensdatenbank_oeffentlich/Report_Psychotherapie/DPtV_Report_Psychotherapie_2021.pdf.

- Ebermann, D. (2019). Coaching als Studium. Master- und Bachelorstudiengänge. Coaching-Newsletter, 19(10), S. 1-4. https://www.coaching-magazin.de/beruf-coach/coaching-als-studium.

▶ Fietze, B. (2015). Coaching auf dem Weg zur Profession? Eine professionssoziologische Einordnung. In: A. Schreyögg & C. Schmidt-Lellek (Hrsg.), Die Professionalisierung von Coaching. Ein Lesebuch für den Coach (S. 3-21). Wiesbaden: Springer Fachmedien. https://doi.org/10.1007/978-3-658-08172-0_1.

▶ Greif, S. (2008). Coaching und ergebnisorientierte Selbstreflexion. Göttingen: Hogrefe.

▶ Greif, S., Möller, H. & Scholl, W. (Hrsg.) (2018). Handbuch Schlüsselkonzepte im Coaching. Heidelberg: Springer. https://link.springer.com/book/10.1007/978-3-662-49483-7.

▶ ICF (o. J.). Coaching FAQs. https://coachingfederation.org/faqs.

▶ Lömker, M., Weber, U. & Moskaliuk, J. (2021). Chatbots im Coaching: Chancen im lösungs-fokussierten Coaching. Wiesbaden: Springer Fachmedien.

▶ Middendorf, J. (2002 – 2021). Coaching-Umfrage Deutschland. https://www.bco-koeln.de/bco/publikationen/.

▶ Middendorf, J. (2004). Wertehierarchie als Methode im Coaching. In: C. Rauen (Hrsg.), Coaching-Tools I (S. 173-178). Bonn: managerSeminare.

▶ Middendorf, J. (2007). Missionskompass. In: C. Rauen (Hrsg.), Coaching-Tools II (S. 178-184). Bonn: managerSeminare.

▶ Middendorf, J., Fischer, G. und Graf, J. (2022). Weiterbildungs-Szene Deutschland 2022 – Der deutsche Coaching-Markt in Zahlen. Bonn: managerSeminare.

▶ Middendorf, J. & Ritter, M. (2020). Disruptive Veränderungen am Coaching-Markt. Wirtschaftspsychologie aktuell, 27(3), S. 38-45.

▶ Middendorf, J. & Ritter, M. (2021). Coaching-Branche: Zur Professionalisierung gezwungen; Organisationsberatung – Supervision – Coaching, 28(2), S. 211-224. https://doi.org/10.1007/s11613-021-00700-z.

- Misselhorn, C. (2021). Künstliche Intelligenz und Empathie. Vom Leben mit Emotionserkennung, Sexrobotern & Co. Stuttgart: Reclam.

- Nida-Rümelin, J. & Weidenfeld, N. (2018). Digitaler Humanismus: Eine Ethik für das Zeitalter der Künstlichen Intelligenz. München: Piper.

- Passmore, J. & Fillery-Travis, A. (2011). A critical review of executive coaching research: A decade of progress and what's to come. Coaching: An International Journal of Theory, Practice & Research, 4(2), S. 70-88. https://doi.org/10.1080/17521882.2011.596484.

- Roesner, M. (2021). Schon einmal in eine Künstliche Intelligenz verliebt? https://www.kaspersky.de/blog/schon-einmal-in-eine-kunstliche-intelligenz-verliebt/26207/.
- RTC (Hrsg.) (2015). Profession: Coach. Ein Commitment des Roundtable der Coachingverbände. http://www.roundtable-coaching.eu/wp-content/uploads/2015/03/RTC-Profession-Coach-2015-03-19-Positionspapier.pdf.

- Schermuly, C. C., Graßmann, C., Ackermann, S. & Wegener, R. (2021). The future of workplace coaching – an explorative Delphi study. Coaching: An International Journal of Theory, Research and Practice. https://doi.org/10.1080/17521882.2021.2014542.
- Stenzel, S. (2022). Die Zukunft des Coaching-Business: Neuausrichtung an der Lebens- und Arbeitswelt des Klienten von morgen. Wiesbaden: SpringerGabler.
- Stephan, M. & Rötz, C. (2018). Discussion Papers on Strategy and Innovation 18-01, Coaching-Marktanalyse 2016/17 – Ergebnisse der 4. Marburger Coaching Studie 2016/17. Marburg: Universität.

- Wagner, M. (2021). Digital Coaching Provider – Plattformökonomie meets Coaching. Training aktuell, 32(11), S. 12-15.